Poorva Agrawal
Gagandeep Kaur
Latika Pinjarkar

Algoritmo de rede neuronal para a caça coordenada de vários robots

Poorva Agrawal
Gagandeep Kaur
Latika Pinjarkar

Algoritmo de rede neuronal para a caça coordenada de vários robots

ScienciaScripts

Imprint

Any brand names and product names mentioned in this book are subject to trademark, brand or patent protection and are trademarks or registered trademarks of their respective holders. The use of brand names, product names, common names, trade names, product descriptions etc. even without a particular marking in this work is in no way to be construed to mean that such names may be regarded as unrestricted in respect of trademark and brand protection legislation and could thus be used by anyone.

Cover image: www.ingimage.com

This book is a translation from the original published under ISBN 978-620-7-80534-1.

Publisher:
Sciencia Scripts
is a trademark of
Dodo Books Indian Ocean Ltd. and OmniScriptum S.R.L publishing group

120 High Road, East Finchley, London, N2 9ED, United Kingdom
Str. Armeneasca 28/1, office 1, Chisinau MD-2012, Republic of Moldova, Europe
Printed at: see last page
ISBN: 978-620-8-08944-3

Conteúdo

Autores

Dr. Poorva Agrawal
Symbiosis Institute of Technology Nagpur Campus,
Symbiosis International (Deemed University) Pune, Índia
Dr. Gagandeep Kaur
Symbiosis Institute of Technology Nagpur Campus,
Symbiosis International (Deemed University) Pune, Índia
Dr. Latika Pinjarkar
Symbiosis Institute of Technology Nagpur Campus,
Symbiosis International (Deemed University) Pune, Índia

Resumo

A cooperação entre vários robôs oferece soluções fiáveis e económicas, prestando inúmeros serviços à indústria da automação, cuidados de saúde, segurança e outros. Os robôs múltiplos podem ser utilizados numa vasta gama de aplicações, como no sector militar, na indústria, nas ciências da saúde, na agricultura, na construção e muito mais. Muitos países estão a investir em diferentes aplicações para sistemas multi-robô que fornecem apoio e assistem os utilizadores sempre que necessário. O sistema multi-robô ajuda as pessoas da nação, criando um sistema de assistência em todos os campos.

O sistema multi-robô requer uma coordenação adequada entre vários robôs, uma distribuição adequada das sub-tarefas, como a atribuição de tarefas, o planeamento de trajectórias, a prevenção de obstáculos e muitos outros sub-problemas. Todos estes subproblemas devem ser tidos em consideração para a execução eficaz do sistema. Na caça com vários robôs, os robôs caçam os evadidos; os robôs precisam de reconhecer os membros da sua equipa e considerar as suas posições e capacidades actuais para apanhar os evadidos parados ou em movimento de forma eficaz através da abordagem de planeamento do caminho cooperativo.

Este trabalho de investigação tem por objetivo conceber uma solução para o problema da caça por vários robôs num ambiente desconhecido. Os robots no terreno não dispõem de informação sobre a área, nomeadamente onde se encontram os obstáculos e os evasores. O ambiente dinâmico é considerado neste trabalho. O objetivo deste trabalho é fornecer uma solução que implique menos despesas de computação para os robôs e reduza o número total de etapas de caça. A contribuição inicial do trabalho de investigação introduz o problema da caça num ambiente desconhecido. O problema básico da caça é abordado num ambiente com vários robôs, utilizando uma estratégia básica que consiste em arrastar os robôs para o canto, poupando assim os recursos.

A contribuição apresenta o algoritmo de rede neural bio-inspirada adaptativa (ABNN) para a caça de vários robôs num ambiente desconhecido. Este algoritmo utiliza um modelo de manobras baseado em redes neuronais para a caça de vários robôs e introduz o conceito de robôs implícitos. A abordagem proposta resolve o problema da caça repetida que é causada por obstáculos de grandes dimensões e capacidades de deteção eficazes para ambientes dinâmicos, reduzindo assim o tempo total de caça do sistema.

Capítulo 1

INTRODUÇÃO

Nas últimas décadas, a investigação no domínio dos multirrobôs tem vindo a ganhar um grande interesse. Estes multi-robôs podem ser biologicamente inspirados por qualquer criatura, dependendo do tipo de aplicações em que estes robôs estão a trabalhar, e podem utilizar alguns algoritmos baseados em redes neuronais para a inteligência artificial. Os multi-robôs têm de ser suficientemente adaptáveis para lidar com situações em ambientes desconhecidos. O multi-robô também tem de ser robusto para que a tarefa que estes multi-robôs estão a realizar seja finalmente cumprida, mesmo que alguns robôs falhem durante a execução da tarefa. Existem várias aplicações, como a varredura, a polinização de culturas, tarefas médicas, etc., em que os multirrobôs podem substituir os seres humanos, utilizando algoritmos baseados em redes neuronais de inspiração biológica que, se bem programados, podem executar a tarefa com eficácia e eficiência.

O capítulo está organizado da seguinte forma: A secção 1.1 aborda os antecedentes dos sistemas multi-robô. Esta secção está dividida nas subsecções seguintes. A subsecção 1.1.1 apresenta um sistema baseado num único robô. A subsecção 1.1.2 refere a necessidade de um sistema com vários robôs. A subsecção 1.1.3 aborda a cooperação entre vários robôs. A subsecção 1.1.4 aborda a abordagem baseada em redes neuronais para o sistema com vários robôs. A subsecção 1.1.5 apresenta a utilização da adaptabilidade num sistema multi-robô. A subsecção 1.1.6 apresenta a robustez num sistema multi-robô. A Secção 1.2 apresenta a motivação para o trabalho de investigação. A secção 1.3 descreve a definição do problema. A secção 1.4 centra-se na contribuição principal. A secção 1.5 apresenta a estrutura geral da tese.

1.1 Sistemas multi-robô: Antecedentes

1.1.1 Sistema baseado num único robô

Os sistemas baseados em robôs individuais surgiram há quase um século. Os robôs são feitos artificialmente que se assemelham a uma criatura, seja ela um ser humano, um inseto, um mamífero ou qualquer outra criatura. No passado, há cerca de sete a oito décadas, os robots eram utilizados para executar tarefas repetitivas e perigosas que não eram adequadas para os seres humanos. Algumas tarefas têm lugar num ambiente extremo, como o espaço exterior, o fundo do mar, um espaço de dimensões limitadas que não é adequado para os seres humanos. Um único robot é utilizado para ajudar o ser humano e a tarefa tem de ser concluída. As tarefas mais simples, como limpar, enxugar, etc., podem ser facilmente executadas por um único robô. Há alguns parâmetros que devem ser tidos em conta quando se trabalha com robôs individuais, como o planeamento da trajetória, a deteção de colisões e a prevenção de colisões. O planeamento da trajetória utilizando um único robô foi amplamente estudado na literatura no passado [1]. O sistema de um único robô torna-se limitado, uma vez que o número de recursos é apenas um. Por conseguinte, o desempenho e a eficiência do sistema de um único robô também ficam limitados. Devido às limitações dos sistemas de um único robô em termos de desempenho e de distribuição de tarefas, surgiram os sistemas de vários robôs.

1.1.2 Necessidade de um sistema baseado em vários robôs

Para ultrapassar os problemas de um único robô, surgiram os multi-robôs. Os robôs podem trabalhar bem sob diferentes constrangimentos e num ambiente diferente. Quando a mesma tarefa é executada por vários robôs, em comparação com um único robô, a eficiência global do sistema aumenta. Por exemplo, a tarefa é a limpeza de uma determinada área. A tarefa de limpeza, quando realizada por um único robô, demora tempo e, se o robô falhar, a tarefa fica incompleta. Por outro lado, a mesma tarefa de limpeza, quando realizada por um sistema com vários robôs, é concluída em menos tempo do que com um único robô. No entanto, as tarefas de planeamento do percurso [1] e a distribuição do trabalho para a mesma tarefa [2] num sistema multi-robô são mais complexas e constituem um problema de investigação difícil.

1.1.3 Cooperação entre vários robôs

A cooperação entre vários robôs tem suscitado grande interesse entre os investigadores nas últimas três décadas. O comportamento cooperativo de vários robôs inclui várias tarefas, como o planeamento do caminho [1], evitar colisões [3], procurar o alvo [4], coordenação adequada entre robôs [2], localização do caminho [5], [6], realização adequada do hardware [7], atribuição de tarefas [2], etc. Estas são as principais questões em aplicações para uma grande variedade de tarefas na indústria, em actividades apoiadas pelo homem e noutras áreas. Muitas vezes, as tarefas necessárias tornam-se difíceis de realizar por um único robô e, nesse caso, são utilizados vários robôs em cooperação.

Na cooperação multi-robô, os robôs trabalham em cooperação para realizar uma determinada tarefa. Quando os robôs trabalham em conjunto, a cooperação cria um resultado progressivo, como o aumento do desempenho ou a poupança de tempo [8]. Os algoritmos baseados em redes neuronais, quando associados a um sistema multi-robô, realizam algumas tarefas de forma mais eficiente, como a operação de varrimento [9], tarefas de caça [10], etc. Na cooperação multi-robô, um grupo de robôs trabalha em conjunto para realizar uma tarefa que cria um esforço combinado de todos os robôs. O desempenho global do sistema aumenta quando utilizamos um sistema multi-robô. Um sistema multi-robô envolve a aplicação de robôs, bem como de sistemas informáticos para o seu controlo, feedback sensorial e processamento de informação. Há várias aplicações em que os multi-robôs desempenham um papel importante. Os multi-robôs podem substituir os seres humanos em ambientes perigosos ou em processos de fabrico [6], assemelhar-se aos seres humanos em termos de aparência, comportamento e cognição para aplicações específicas [2], etc.

A cooperação entre vários robôs é ilustrada na figura 1.1. Há seis robôs *R1* a *R6*; estes robôs trabalham em coordenação para apanhar os dois evadidos *E1* e *E2*. O diagrama representa três obstáculos *Ob1* a *Ob3*, que os robôs têm de evitar utilizando a prevenção de colisões enquanto trabalham em conjunto para apanhar os evadidos. A aliança [11] é formada pelos robôs *R1*, *R2* e *R3* para apanhar o evadido *E1*. Do mesmo modo, é formada uma aliança por *R4*, *R5* e *R6* para apanhar o evadido *E2*. Os robôs trabalham num ambiente coordenado entre si e cumprem a tarefa de forma eficiente.

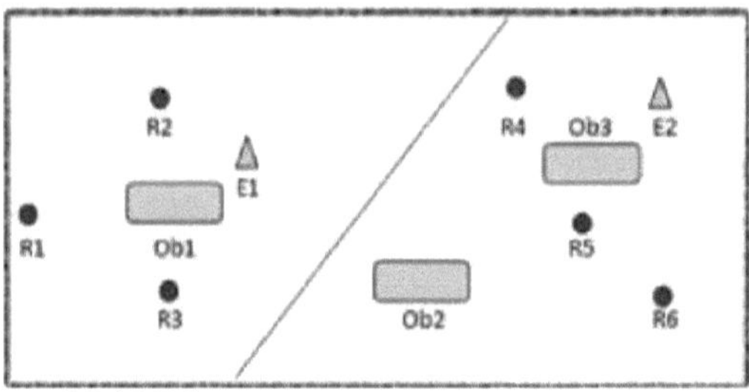

Figura 1.1: Cooperação Multi-Robot

1.1.4 Sistema multi-robô baseado em redes neuronais de inspiração biológica

A abordagem da rede neural bio-inspirada conduz a novos desenvolvimentos na inteligência artificial. A abordagem bio-inspirada é a ideia retirada dos processos naturais e aplicada à aprendizagem automática. As técnicas bio-inspiradas [12], [13] envolvem frequentemente o método de especificação de um conjunto de regras simples, um conjunto de organismos simples que aderem a essas regras e um método de aplicação iterativa dessas regras. A computação bio-inspirada baseia-se numa abordagem descentralizada e ascendente [6].

Uma abordagem ascendente é o processo de combinação de vários sistemas para dar origem a sistemas maiores, tornando assim os sistemas originais sub-sistemas do sistema emergente. A abordagem ascendente é um tipo de processamento de informação baseado em dados recebidos do ambiente para formar uma perceção. A informação entra nos olhos numa direção (input) e é depois transformada numa imagem pelo cérebro que pode ser interpretada e reconhecida como uma perceção (output). A descentralização é o processo de redistribuição ou dispersão de funções, poderes, pessoas ou coisas para longe de uma localização ou autoridade central.

Os investigadores debruçam-se extensivamente sobre os problemas de deteção e reconhecimento de objectos com a ajuda da visão computacional, utilizando a abordagem das redes neuronais [10]. Numa abordagem de rede neural, as imagens são introduzidas no sistema e, em seguida, os neurónios processam as imagens para as classificar e produzir resultados.

Os multi-robôs são de inspiração biológica, como os morcegos e os pirilampos [12], [13]. Os autores inspiraram-se na forma como estes comunicam entre si. Por conseguinte, estes sistemas multi-robôs podem funcionar com diferentes algoritmos de inspiração biológica, como a otimização de enxames [14], a otimização de colónias de formigas [15] e a otimização de colónias de abelhas [16]. Todos estes diferentes algoritmos biológicos são descritos em pormenor no capítulo 2.

1.1.5 Adaptabilidade

Um sistema adaptativo pode lidar e adaptar-se a qualquer tipo de situação em mudança. Quando os vários robôs executam uma tarefa em cooperação num ambiente desconhecido, o sistema tem de ser adaptativo por natureza [10]. Diz-se que o sistema multi-robô é adaptativo porque o sistema se ajusta às novas situações, uma vez que o ambiente em que os multi-robôs trabalham é dinâmico por natureza. Os vários robôs cooperam entre si e executam as tarefas de forma eficiente. Para realizar a tarefa de forma eficiente num ambiente dinâmico, o sistema precisa de ser adaptável, uma vez que o sistema está sempre a mudar de tempos a tempos. A tarefa de caça de um sistema multi-robô é num ambiente desconhecido, em que os robôs desconhecem o cenário. Por isso, o sistema deve ser adaptável para lidar com qualquer tipo de situação. Por exemplo, se o fugitivo se aproximar de uma esquina, pode ser apanhado com menos robôs e o limite da esquina pode ser utilizado como apoio para apanhar o fugitivo.

Na tarefa de caça, o campo de interesse pode consistir em obstáculos de diferentes tamanhos, juntamente com fugitivos e robots. Os robôs formam uma equipa para apanhar o fugitivo. Ao formar a equipa de robôs, os membros da equipa envolvem-se nas suas tarefas específicas, dependendo da situação. Por exemplo, se houver um muro de delimitação perto dos robôs e do evadido, a tarefa de caça pode ser concluída com um número menor de robôs, uma vez que a região está rodeada pelo muro de delimitação de um lado. Se a tarefa necessitar de quatro robôs para apanhar o fugitivo, a mesma tarefa pode ser realizada por três robôs e o quarto robô junta-se a outra equipa de robôs. Isto reflecte a necessidade de adaptabilidade do sistema. Há vários algoritmos adaptativos [17], [5], [18] discutidos pelos investigadores que tornam o sistema adaptável.

1.1.6 Robustez num sistema multi-robô

A cooperação eficiente entre robots torna o sistema robusto [10]. O avanço da tecnologia dos robots surgiu para facilitar a vida humana. Os robots, desde os pequenos aos grandes e complexos, são utilizados em condições difíceis, como a exploração de bombas [9], robots de campo [19], [20], tarefas médicas [21], [22], [6], [23], caça [1], [24], [25], [26], [27], [28], etc. Para realizar este tipo de tarefas, o robô deve ter um desempenho elevado e exibir-se com o apoio de robôs de reserva. Os robôs de reserva estão no estado de inatividade. Estes robôs são designados para executar a tarefa se, e só se, os robôs de trabalho deixarem de funcionar. Hoje em dia, os robôs podem participar na caça aos evasores num ambiente desconhecido [1], [29], e os robôs têm um desempenho eficiente e completam as suas tarefas com êxito.

De acordo com a investigação de Carlson J et al. [30], a falha robótica pode ocorrer devido às seguintes razões

1.   Falha física.
2.   Falha humana.
3.   Práticas informáticas de fiabilidade

A explicação pormenorizada destas razões é apresentada em seguida:

1.   Falha física: Este tipo de falha ocorre devido à falha de algumas partes especiais do robô, como os sensores, os actuadores, o sistema de alimentação e as rodas. Também pode acontecer quando a bateria do robô falha ou a bateria está fraca. Algumas destas peças utilizadas nos robots são descritas a seguir: Sensores: Os sensores são as partes importantes do robô, através dos quais este comunica com o seu ambiente para sentir os estímulos. Uma falha no sensor do robô leva à ignorância total do ambiente externo. Sem o sensor, pode dizer-se que o robô se comporta como uma pessoa sem órgãos dos sentidos. Existem muitos tipos de sensores, por exemplo, sensores de temperatura, sensores de distância, etc. Existem dois tipos de sensores de distância: sensores de proximidade e sensores de alcance. Sensores de proximidade para distâncias inferiores a 10 m e sensores de alcance para longas distâncias até 100 m.

Actuadores: Os actuadores são as partes principais do robô que interagem e actuam no ambiente. Por exemplo, as rodas do robô, as mãos do robô, etc.

Sistema de alimentação: Os robôs também podem falhar ou deixar de funcionar devido a uma falha da bateria ou do sistema de alimentação. A falha de sensores e actuadores pode surgir devido à colisão dos robôs com o seu ambiente ou com outros robôs.

2.   Falha humana: A falha humana surge devido a problemas na operação do robô do sistema ou a falhas devidas a erros humanos na introdução de dados. Isto pode dever-se a uma má conceção da Interação Homem-Computador (IHC) [30].

3.   Práticas de computação da fiabilidade: Na comunicação entre vários robôs, a cooperação é a principal subtarefa do grupo de robôs. Por isso, os robôs devem comunicar entre si. Embora os robôs comuniquem e se coordenem para realizar em conjunto uma tarefa que lhes foi atribuída, a fiabilidade dos robôs é a questão principal. À medida que a fiabilidade dos robôs aumenta, a coordenação e a falha dos robôs quando um membro da equipa falha também aumentam. Assim, as falhas de fiabilidade ocorrem devido à falha da associação completa ou parcial dos robôs membros.

1.2 Motivação

Estamos muito motivados pela grande quantidade de literatura de investigação que aborda várias questões actuais na área das redes neuronais de inspiração biológica para a cooperação entre vários robôs. Há muitas aplicações, como levantar objectos pesados, apanhar presas, varrer, etc., em que a tarefa não pode ser concluída por um único robô. As razões podem ser a baixa eficiência, o aumento do tempo de execução da tarefa, etc. Quando a mesma tarefa é executada por vários robôs em conjunto, a tarefa pode ser concluída de forma eficiente. Por conseguinte, o aumento da eficiência, o aumento do desempenho global do sistema e a diminuição do tempo total necessário para concluir a tarefa, entre muitas outras razões, motivaram a utilização de vários robôs em muitas aplicações. Os vários robôs cooperam entre si para completar a tarefa de forma eficiente. Se o sistema tiver vários robôs inteligentes, pode ajudar o ser humano em todos os aspectos. Por conseguinte, um sistema com vários robôs ajuda o ser humano no seu quotidiano, o que constitui a maior motivação para este trabalho. Para além disso, a situação em que a vida humana está em perigo e em que podemos substituir os seres humanos por vários robôs é novamente uma das motivações.

Com os avanços nos protocolos de comunicação e na inteligência cooperativa entre vários robôs, espera-se que o sistema multi-robô fique mais bem equipado com capacidades melhoradas que conduzam a uma interação homem-máquina eficiente. Os robôs coordenam, interagem e comunicam entre si para realizar um objetivo comum. A coordenação de vários robôs ajuda-os a executar uma ação em tempo útil com elevada fiabilidade.

Os robôs serão eficientes e podem até executar uma tarefa repetitiva várias vezes com total eficiência se os robôs forem bem programados. Por outro lado, os seres humanos não podem efetuar a mesma tarefa manual várias vezes de forma eficiente [9]. No caso dos seres humanos, existem muitos outros factores, como o estado de espírito, problemas de saúde, estado físico, etc., que podem fazer variar o resultado. No mundo atual, a maioria das indústrias depende de um grande esforço manual. Por este motivo, a eficiência e o rendimento das empresas são afectados. Por conseguinte, é óbvio que o sistema deve ser concebido de modo a prestar assistência aos seres humanos através de robots. Os peritos afirmam em [31] que, até 2050, as tarefas automatizadas representarão 80% em quase todos os domínios, como se pode ver no gráfico da Figura 1.2. A Figura 1.3 também mostra uma previsão: os robôs ajudarão o ser humano em muitas áreas do sector dos serviços, como a segurança e a defesa, os cuidados de saúde, a educação, o turismo, etc. O facto de os robôs ajudarem os seres humanos significa que os sistemas serão automatizados e, por conseguinte, as tarefas serão executadas por robôs. Esta é uma das principais motivações do nosso trabalho.

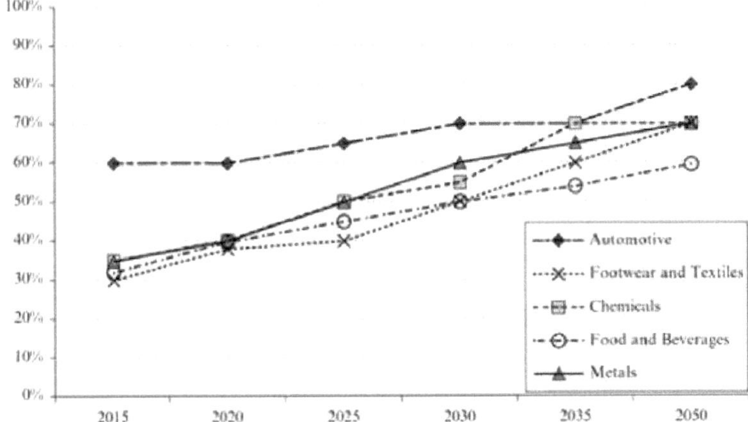

Figura 1.2: Previsões sobre a percentagem de actividades que serão automatizadas em vários sectores industriais [31]

1.3 Definição do problema

Esta secção centra-se no problema da caça com vários robôs para apanhar fugitivos. Um fugitivo é um adversário que tenta escapar. A ID (identificação) é partilhada entre os robôs, para que estes possam identificar o adversário. O problema da caça lida com vários robôs que trabalham em cooperação para apanhar os evasores [32]. Por exemplo, em linhas de controlo onde a vida humana pode estar potencialmente em perigo, podem ser utilizadas equipas de vários robôs. Este problema é um desafio porque engloba muitos outros subproblemas, como a atribuição de tarefas [33] pelo comandante temporário que primeiro

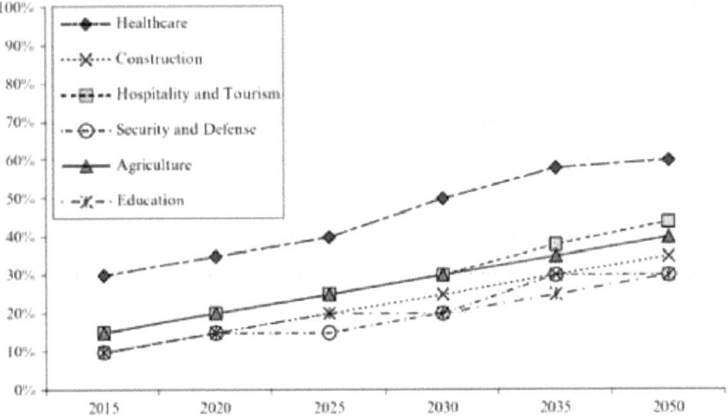

Figura 1.3: Previsões sobre a percentagem de actividades que serão automatizadas nos sectores da agricultura e dos serviços [31]

vê o evadido, procura os evadidos [32], [10], localiza as posições dos evadidos [10] e detecta e evita colisões que se interpõem no caminho dos robôs ao apanharem os evadidos [10], etc.

A tarefa mais difícil no problema da caça é apanhar um fugitivo que tenha um certo grau de inteligência. Os evadidos tentam escapar aos robots [10], o que significa que o caminho do evadido não está predefinido e pode ser irregular. Devido ao movimento imprevisível do evadido, a tarefa de caça torna-se mais difícil. Neste caso, os evadidos e os robôs são mais poderosos do que os robôs, na medida em que os evadidos estão equipados com sensores de grande alcance, o que reflecte o cenário do mundo real. Por conseguinte, estes robôs múltiplos devem ser suficientemente adaptáveis e robustos para cumprir a tarefa de caçar estes evasores de forma eficiente e atempada.

1.4 Contribuição para a investigação

Nesta tese, intitulada "Algoritmo baseado em redes neuronais para a cooperação de vários robôs na caça", o objetivo é conceber e desenvolver um algoritmo baseado em redes neuronais para um sistema de vários robôs na caça. O sistema deve ser capaz de utilizar um modelo básico baseado em inteligência artificial para completar a tarefa de caça. As contribuições específicas do trabalho de tese são as seguintes:

1. Estudo exaustivo de sistemas multi-robôs e obtenção de uma compreensão mais profunda do modelo de manobras que é utilizado para multi-robôs.

2. Conceção de um sistema utilizando um modelo de derivação modificado para a caça multi-robô. Comparação do modelo com o modelo anterior de rede neural bio-inspirada.

3. O modelo baseado em redes neurais é aplicado à caça de veículos submarinos automatizados para os fuzileiros navais e os resultados são comparados com o modelo anterior.

4. O modelo é testado num Veículo Aéreo Não Tripulado para caçar os alvos, como nos alvos militares.

1.5 Esboço da tese

A Figura 1.4 mostra a representação pictórica da organização da tese.

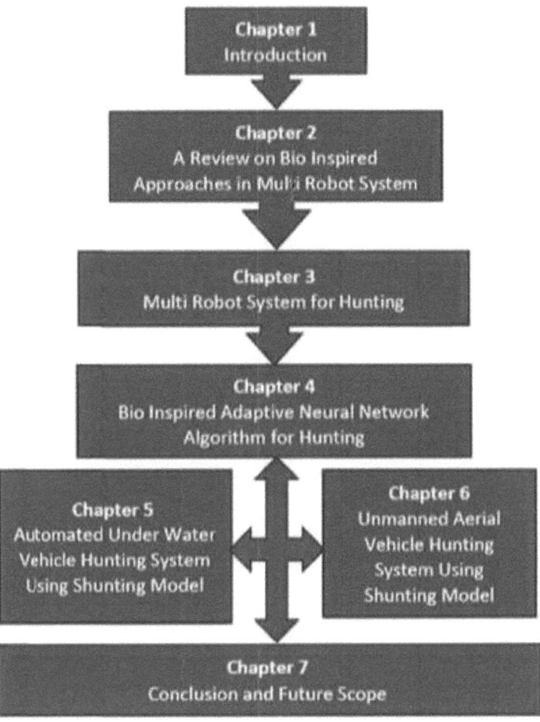

Figura 1.4: Organização da tese

Seguem-se os pormenores:

• O Capítulo 2 aborda em pormenor os trabalhos de investigação relacionados com os sistemas multi-robô. Este capítulo abrange uma vasta pesquisa que descreve diferentes categorias de sistemas multi-robô. Algumas categorias incluem problemas de planeamento de trajectórias, deteção e seguimento de alvos, formação e coordenação de coligações, localização e descrição pormenorizada de diferentes formas de caça cooperativa. Cada categoria descreve ainda várias técnicas e algoritmos utilizados.

• O Capítulo 3 descreve em pormenor a compreensão de um sistema multi-robô para a tarefa de caça. O modelo de caça também é descrito, incluindo as três fases da caça. O enunciado do problema da caça num sistema multi-robô é claramente apresentado neste capítulo. É aplicada uma estratégia básica de caça para apanhar os evadidos. Os evadidos são perseguidos no canto utilizando o algoritmo de arrastamento do canto. O algoritmo é implementado e o modelo é simulado neste capítulo utilizando o simulador SimIam.

• O capítulo 4 propõe a conceção de um sistema adaptativo para a tarefa de caça. Neste capítulo, é proposta uma abordagem baseada numa rede neural bio-inspirada que utiliza um modelo de manobras modificado. Apresenta também os resultados de simulações e experiências da abordagem proposta em multi-robôs que comprovam a sua eficácia utilizando a equação de manobras. A equação de manobras modificada resolve o problema da caça repetitiva e dos obstáculos de grandes dimensões, tornando assim o sistema adaptável.

- O capítulo 5 conclui com as futuras direcções de investigação, seguidas da bibliografia relativa a este trabalho de investigação.

Capítulo 2

UMA ANÁLISE DOS MULTI-ROBOTS SISTEMAS

Este capítulo apresenta trabalhos de investigação relacionados com a área dos sistemas multi-robôs. Os sistemas multi-robô demonstram um comportamento colaborativo conjunto. Este comportamento é direcionado para um objetivo que tem um interesse comum [34]. O presente estudo é realizado sobre a tarefa de caça num sistema multirobô. Além disso, o estudo centra-se em diferentes categorias de sistemas multi-robôs e nas técnicas envolvidas nas tarefas de caça inventadas pelos investigadores. Na última década, muita investigação tem sido feita no domínio dos vários robôs, da coordenação, da comunicação, do planeamento de trajectórias e da falha de robôs [3], [10], [25], [26], [35].

O planeamento cooperativo de vários robôs tem merecido grande atenção nos últimos tempos. No entanto, as tarefas de planeamento de trajectórias em sistemas multi-robôs são mais complexas e constituem um problema de investigação difícil, especialmente quando as redes são constituídas por um grande número de robôs e são dinâmicas por natureza. Os sistemas robóticos são compostos por robôs fixos e por robôs móveis. A cooperação entre vários robôs com o objetivo de planear a trajetória, evitar obstáculos e apanhar os fugitivos é um dos problemas de investigação mais difíceis. A estratégia convencional para resolver o problema da cooperação entre vários robôs foi a adição da dimensão temporal ao espaço de configuração dos robôs [36].

A cooperação entre vários robôs foi efectuada utilizando uma de duas abordagens. Estas duas abordagens são as técnicas centralizadas e as técnicas distribuídas. As técnicas centralizadas tentam sempre fornecer uma solução completa; no entanto, estes métodos necessitam de mais tempo e de mais despesas de computação devido à complexidade do problema em causa. No passado recente, os métodos baseados em mapas de estradas probabilísticos atenuaram este problema [37]. Por outro lado, as técnicas distribuídas minimizam a complexidade através do planeamento autónomo do percurso de cada robô na rede. Em seguida, as trajectórias individuais podem ser combinadas utilizando diferentes técnicas, tais como métodos de coordenação de trajectórias [38], campos potenciais [39], ou métodos de atribuição de prioridades [40]. Em todas as condições da rede, estes métodos distribuídos não fornecem a solução completa e, por conseguinte, podem não produzir a solução óptima. Por conseguinte, é necessário dispor de métodos mais dinâmicos e adaptáveis para o planeamento cooperativo de trajectórias baseado em vários robôs através da coordenação e fusão de trajectórias [41], [42].

A conceção de estratégias de cooperação é um importante desafio de investigação em diferentes aplicações em tempo real de sistemas multi-robôs. O sistema com um grande número de robôs necessita de um esforço suplementar para a comunicação multi-robô. Muitos métodos de cooperação baseiam-se principalmente em negociações explícitas entre os robôs, o que exige uma quantidade substancial de comunicações [43]. Este problema torna-se ainda mais complexo quando todas as comunicações entre os robôs devem ser sincronizadas de modo a que as alterações dinâmicas no ambiente do sistema não levem à perda de comunicações antes de estas estarem concluídas. Assim, é vital minimizar os passos de comunicação necessários entre os robôs; caso contrário, o planeamento dinâmico em tempo real não será aplicável.

Ao longo dos anos, as coisas foram mudando e melhorando ligeiramente. A coordenação em sistemas com vários robôs ganhou uma atenção significativa, uma vez que, utilizando a equipa de robôs, as tarefas são concluídas de forma eficiente e rápida. No entanto, os sistemas de coordenação de vários robôs continuam a deparar-se com alguns problemas, como o posicionamento dinâmico dos robôs, sistemas de comunicação imperfeitos, cooperação ineficaz entre robôs, etc. [44], [45]. Durante a última década, foram efectuados vários estudos de investigação sobre sistemas de cooperação multi-robot, mas os principais desafios destes métodos são a localização do alvo, a atribuição de tarefas, a prevenção de obstáculos e colisões, etc. [46], [47]. [46], [47].

Esta secção discute o impulso da investigação em curso e as limitações das abordagens existentes. Os trabalhos relacionados são classificados principalmente nas seguintes áreas:

* Problema de planeamento da trajetória
* Deteção e seguimento de alvos
* Formação e coordenação de coligações
* Localização e atribuição de tarefas
* Abordagem cooperativa
* Robustez

A descrição destas classificações é a seguinte:

2.1 Problema de planeamento da trajetória

O robô inteligente pode ser concebido com base nos valores de entrada recebidos das câmaras ou dos sensores colocados no seu interior. Os robôs têm de tomar decisões sensatas com base nos valores de entrada, a fim de cumprir a tarefa que estão a executar. O robô tenta encontrar o movimento ou o curso de ação enquanto se desloca da sua posição inicial para a posição final do robô, evitando obstáculos. O planeamento do movimento do robô ou planeamento da trajetória é amplamente classificado em dois subgrupos. Estes subgrupos são designados por:

1. Planeamento de movimentos em espaço livre ou planeamento de movimentos brutos

O planeamento do movimento em espaço livre ajuda a encontrar o espaço livre para o movimento, de modo a que a tarefa do robô possa ser iniciada. O objetivo do planeamento do movimento em espaço livre é descobrir o espaço viável e o espaço inviável para o movimento.

2. Planeamento de movimentos finos ou Planeamento de movimentos conformes

O planeamento de movimentos finos ou o planeamento de movimentos em conformidade ajuda a encontrar o movimento ou o caminho que está limitado a algumas regras ou o caminho tem de ter algum tipo de parâmetros para completar a tarefa. Por exemplo, a escrita de uma carta. Ao escrever uma carta no papel, tem de haver algum tipo de força aplicada no papel através do movimento do marcador.

O tempo total necessário para o robô realizar uma determinada tarefa é o somatório do espaço livre e do planeamento fino do movimento. Além disso, o tempo de planeamento do movimento no espaço livre é muito inferior ao planeamento do movimento fino em qualquer tarefa.

O ambiente em que a tarefa é executada pode ser um ambiente estruturado ou um ambiente não estruturado. O ambiente estruturado é aquele em que o robot dispõe previamente de informações completas sobre o sistema. A informação do sistema permanece fixa durante a execução da tarefa. Em contrapartida, no ambiente não estruturado, a informação é desconhecida para os robots, uma vez que o sistema é dinâmico por natureza e a localização muda constantemente com o tempo. Por conseguinte, o planeamento da trajetória num ambiente estruturado é designado por problema de procura de trajetória e, no caso de um ambiente não estruturado, o planeamento da trajetória é designado por problema de planeamento dinâmico do movimento.

Com base no tipo de ambiente, para planear a trajetória, é necessário adotar algumas abordagens. Assim, as abordagens de planeamento da trajetória são classificadas em duas categorias:

1. Abordagem global

A abordagem global é utilizada em ambientes estruturados em que o planeamento do movimento é efectuado pelos robôs que dispõem de informações completas sobre o sistema. É também conhecido como planeamento fora de linha. Aqui, a ação é executada após o processo de raciocínio estar concluído.

2. Abordagem local

A abordagem local é utilizada em ambientes não estruturados ou dinâmicos, em que o planeamento do movimento é feito pelos robôs que têm informações incompletas sobre o sistema. Por isso, é também conhecida como planeamento em linha. Aqui as acções são executadas enquanto se pensa.

2.1.1 Esquemas de planeamento do movimento

Os robots precisam de seguir determinados esquemas para executarem a tarefa de forma eficiente. Existem diferentes tipos de abordagens apresentadas por muitos autores nas últimas seis décadas. As abordagens são discutidas em pormenor nesta secção. Os esquemas de planeamento do movimento são classificados nos dois subgrupos seguintes:

1. Esquemas tradicionais ou abordagens algorítmicas

O regime tradicional é ainda classificado em duas categorias:

(a) Métodos baseados em gráficos

Os métodos baseados em gráficos são designados por gráficos de visibilidade, em que o gráfico é criado ligando os pontos dos obstáculos que são visíveis.

(b) Abordagens analíticas

As abordagens analíticas também têm um grande número de abordagens propostas por vários autores. Panus [23] centrou-se na navegação interior de robots móveis. A. Arsie et al. [19] debruçaram-se sobre o problema do encaminhamento dinâmico de veículos. Neste artigo, os autores discutiram o algoritmo utilizado num sistema com um ou vários robôs. Em [20], os autores utilizaram restrições e fórmulas lógicas temporais para otimizar o planeamento de trajectórias e lidar com a questão da mobilidade de cada robô. Funciona bem mesmo que haja incerteza no tempo de deslocação dos robôs e na sua velocidade. B. J. Oommen et al. alargaram o trabalho realizado com o algoritmo de perseguição [27] a um algoritmo de perseguição desacreditado [28], baseado na filosofia de aprendizagem por recompensa e penalização.

2. Regimes não tradicionais

Os esquemas não tradicionais utilizam o princípio da computação suave. O trabalho de investigação sobre a caça de vários robôs baseia-se totalmente neste esquema. Estes são também classificados nas duas categorias seguintes:

(a) Baseado na lógica difusa

Benbouabdallah e Qi-dan [21] propuseram um controlador lógico difuso (FLC) para o planeamento de trajectórias de vários robôs em ambientes desconhecidos. A arquitetura do FLC é constituída por um fuzzificador, uma base de regras de controlo, um motor de inferência fuzzy e um defuzzificador. O artigo [22] aborda o planeamento do movimento de vários veículos utilizando programação não linear inteira mista. Sariel [6] centrou-se em missões de combate a minas (MCM) no fundo do mar. A missão era encontrar e apreender os stocks antes de serem lançados, varrendo as áreas operacionais desejadas, identificando as áreas minadas que devem ser evitadas e localizando e neutralizando minas individuais. Reconhecer minas no fundo do mar não é uma tarefa difícil, mas a dificuldade surge com a abundância de objectos não minados no fundo do mar que possuem caraterísticas de minas, como corais, afloramentos geológicos, etc. O DEMiR-CF foi concebido para missões complexas que incluem tarefas que exigem diversas capacidades, como a execução heterogénea e simultânea. Foi concebido para lidar com situações em tempo real. Os autores não se concentraram na combinação de estratégias de cobertura e de deteção. Em [49], é proposto um método de caça a vários robots utilizando a abordagem de interferência difusa. A caça foi efectuada num ponto potencial virtual. Utilizaram as restrições cinemáticas dos robôs com rodas; a tendência de movimento foi prevista pelos robôs caçadores de acordo com a informação de localização do movimento evadido. Utilizaram a abordagem de inferência difusa para controlar as acções de vários robôs.

(b) Baseado em redes neurais

Os autores em [48] propuseram o estudo do comportamento de caça cooperativa multi-robot através de um modelo matemático. Conceberam o modelo matemático para representar o problema da caça cooperativa baseada em multi-robots. Apresentaram uma série de equações para resolver o problema da caça ao alvo com vários robots. Esta abordagem baseia-se no tempo de espera necessário para apanhar os evasores. Trata-se de uma abordagem completamente diferente e não é avaliada na prática em comparação com o nosso trabalho.

Em [50], os autores relataram a abordagem de caça baseada em decisões de grupo de robôs para sistemas multi-robôs. Trata-se de uma abordagem muito diferente e inovadora proposta recentemente. Este método funciona tendo em conta o comportamento das abelhas para caçar o novo lar se perderam o antigo. O nosso trabalho baseia-se na caça em tempo real de vários robôs com base em vários evasores, utilizando o modelo de manobra eficiente.

2.2 Deteção e seguimento de alvos

A deteção de alvos é uma capacidade de reconhecer e sentir o alvo. Uma vez conhecida a posição, é necessário seguir o alvo. Seguem-se algumas das abordagens utilizadas por vários investigadores. Cyril e Simon [51] classificaram os problemas de gestão de alvos em pormenor. Os autores centraram-se nos dois problemas distintos da deteção e do seguimento de alvos.

CW Lin [52] propôs um quadro para a coordenação de vários robots. As abordagens utilizadas são a do líder seguidor e a da região. O seguidor segue o líder e rodeia-o numa região designada para se manter livre, o que permite reduzir a redundância. D. A Patil et al. [4] apresentaram um projeto de controlador para robótica de enxame. O documento utilizou diferentes sistemas de deteção e comunicação e abordagens de conceção. Para cumprir a tarefa, foi implementado um sistema de rastreio de alvos e de deslocação até ao objetivo.

Pack, et al. [53] propuseram uma arquitetura de controlo descentralizada para múltiplos UAVs. Estes veículos possuem equipamentos com sensores rudimentares para procurar, detetar e localizar alvos em grandes áreas. W. Rone e P. Ben [54] fizeram uma revisão da investigação sobre múltiplos robôs, com ênfase no mapeamento, localização e controlo de movimentos.

2.3 Formação e coordenação de coligações

Li He et al. propuseram um algoritmo de seguimento e um campo potencial artificial [55]. Os autores utilizaram uma força virtual para os robots baseada na distância e na velocidade. A atribuição de tarefas torna-se um problema quando é formada uma coligação entre os robots. Jose et al. propuseram um modelo que permite resolver o problema da interferência, ou seja, quando dois robôs querem aceder ao mesmo ponto. O modelo utilizado é a regressão de vectores de suporte [56] juntamente com um leilão de ronda dupla. W. Zheng et al. propuseram uma estratégia de líder seguidor utilizando um filtro de Kalman distribuído [57]. A trajetória dos robôs envolvidos na perseguição não é fixa. Por conseguinte, a formação muda de acordo com processos de decisão Markov descentralizados e parcialmente observáveis. X. Sun et al. [58] o modelo proposto resolveu o problema da atribuição de posições e do modelo tradicional de força artificial utilizando o método de controlo da formação. Esta estratégia reduziu o tempo necessário para atingir o objetivo.

Yahmedi e Fatmi [107] centraram-se na identificação de respostas diferentes a partir de entradas sensoriais. Como no caso de evitar obstáculos, se for um obstáculo próximo, deve resultar num movimento para longe do obstáculo. No entanto, [24], [25], [26], [35] utilizaram a abordagem descentralizada para o controlo, interação e coordenação de vários sistemas de robôs [5]. Gal A. Kaminka et al. [18] consideraram métodos de coordenação adaptativos para melhorar a coordenação espacial em equipas. Pack et al. [53] utilizaram vários sensores rudimentares que ajudaram a detetar, procurar e cumprir a tarefa, localizando os alvos através de uma abordagem descentralizada. LaValle e Hinrichsen [59] resolveram o problema da procura visual do alvo usando o algoritmo de decomposição de células. O alvo pode mover-se muito rapidamente num ambiente conectado de 2-D.

Zhiqiang Cao et.al [60] propuseram outra abordagem baseada na deteção local para a caça. Esta abordagem foi concebida para os múltiplos robôs autónomos em ambientes livres de modos não estruturados. O seu método baseia-se na deteção local e no sector eficaz. A tarefa de caça é concebida através de três estados diferentes, tais como o estado de procura, o estado de ronda de obstáculos e o estado de caça. A cooperação entre robôs é efectuada apenas localmente. No entanto, o mais importante é o facto de terem concebido os evadidos com uma estratégia de fuga semelhante à de [10]. A sua abordagem aborda o problema da captura de evadidos com base em movimentos desconhecidos. No entanto, esta abordagem não considera a captura de evadidos com base em vários robôs; a captura do evadido é efectuada por um único robô apenas através da cooperação de robôs locais para alcançar os evadidos desconhecidos.

2.4 Localização e atribuição de tarefas

V. Okadura e A. Helena [61] trabalharam na questão da localização de vários robôs num grupo dentro do mesmo ambiente. Os autores apresentaram uma abordagem estatística para a localização cooperativa de vários robots. A localização Markov [62] é a abordagem de localização utilizada no artigo. Ela utiliza dois modelos para localizar um robô, são eles: Um modelo de movimento e um modelo de observação.Deve haver um trade-off entre a comunicação e a precisão da localização, pois há limitação no trabalho se a quantidade de dados necessários para comunicação for aumentada devido a atualização das poses do robô. A atribuição de tarefas é uma forma de atribuir, subdividir ou escolher qualquer tarefa do problema. A questão da atribuição de tarefas é permitir uma comunicação adequada entre os membros da equipa. Simon Hunt et al. [63] inspiraram-se no comportamento cognitivo dos animais para a cooperação e coordenação. A abordagem descentralizada para grupos ou equipas para adaptar tarefas em mudança foi inspirada por formigas e abelhas. O algoritmo proposto melhorou a forma de lidar com a complexidade e as dependências das tarefas. Quande Yuan et al. [64] utilizaram o protocolo de rede contratual para a atribuição de tarefas em multi-robôs. Propuseram um método que permite decidir o licitante selecionado utilizando uma rede neural. O algoritmo de agrupamento baseado no consenso [65] é alargado e designado por algoritmo de agrupamento baseado no consenso por Simon Hunt. Os resultados são melhorados com base na atribuição de tarefas. Neste algoritmo, o envolvimento humano é reduzido.

Xiang [66] propôs um mapa auto-organizado de inspiração biológica combinado com um algoritmo de síntese de velocidade. A rede neural de mapas auto-organizados é utilizada para atribuir a uma equipa de AUVs a localização de vários alvos. Estes algoritmos, quando combinados, funcionam bem na atribuição de tarefas e no planeamento de trajectos em diferentes cenários. Drew et al. utilizaram caçadores de prémios e fiadores [67] para a atribuição de tarefas a vários agentes. A tarefa é concluída pelos caçadores de prémios e estes recolhem as suas recompensas. A abordagem de mapas auto-organizáveis para atribuição de tarefas num ambiente 3-D ajudou Xin et al. [68] a planear dinamicamente o caminho e a concluir a tarefa.

2.5 Abordagem cooperativa

A abordagem cooperativa é um desafio de investigação para obter uma coordenação adequada entre robôs, a fim de completar qualquer tarefa. Os sistemas multi-robôs devem ser coordenados para cumprir uma tarefa. A tarefa pode basear-se em qualquer tipo de aplicação, como varrer uma área definida, caçar adversários, ou seja, apanhar os evasores, qualquer estratégia de jogo, etc. As abordagens cooperativas podem ser classificadas com base em diferentes aplicações:

2.5.1 Caça cooperativa

A caça com vários robôs é uma das aplicações dos sistemas multi-robôs. Esta aplicação envolve a cooperação e a coordenação entre vários robots para caçar eficazmente os adversários. A caça com vários robôs é um problema ainda mais difícil e complexo nos sistemas de cooperação com vários robôs, uma vez que inclui muitos subproblemas como a localização do alvo, a atribuição de tarefas, a deteção de obstáculos e colisões e a sua prevenção, a redução das etapas de perseguição e localização na caça, etc. Existem várias soluções apresentadas para resolver o problema da caça cooperativa baseada em multi-robots [109], [70]. Estes métodos convencionais são classificados em duas categorias: métodos baseados na localização e métodos baseados em sensores. Nos métodos baseados na localização, a localização do alvo é conhecida antecipadamente, sendo utilizadas técnicas de cooperação baseadas na inteligência artificial para caçar os alvos [71]. Enquanto que nos métodos baseados em sensores, a teoria de controlo tradicional é adotada pela maioria dos investigadores para realizar a tarefa de caça ao alvo em ambiente desconhecido utilizando a informação recebida dos sensores [24]. Mas ambas as abordagens sofrem de limitações; por exemplo, os métodos baseados em sensores não são escaláveis, uma vez que só dependem dos dados dos sensores para realizar a tarefa de caça cooperativa, enquanto os métodos baseados na localização só dependem da informação de localização dos alvos, o que praticamente não é possível em ambientes em tempo real, onde as posições mudam frequentemente.

A tarefa de caça multi-robô envolve vários robôs que trabalham em coordenação para apanhar os adversários. Os adversários ou alvos podem estar em movimento ou parados. O problema da caça pode ser resolvido de diferentes maneiras, como se viu no capítulo 2. A tarefa de caça lida basicamente com alvos móveis, o que torna o funcionamento do sistema num ambiente real. O problema da caça é semelhante ao problema da procura de alimentos. No problema de forrageamento, os robots procuram alimentos. Recentemente, os problemas de tais métodos foram resolvidos pelo método relatado em [10]. Os autores concentraram-se em todos os principais subproblemas, como a atribuição de tarefas, a deteção e a evitação de obstáculos, a coordenação de vários robôs, a robustez, etc. Para refletir o cenário real, a tarefa de caça pode também incluir diferentes formas de obstáculos. A tarefa de caça com vários robôs também pode ter obstáculos móveis. A localização do oponente é dinâmica e tem movimentos irregulares.

O dinamismo e a irregularidade do adversário colocam dificuldades a um único robô. Para ultrapassar a inteligência e a estratégia de fuga do adversário, a tarefa de caça com vários robots é a melhor forma. Os robôs formam um grupo e cooperam entre si para apanhar o adversário num curto espaço de tempo. Descrevemos o problema da caça com vários robôs, que é o nosso principal problema de investigação.

2.5.2 Jogos cooperativos

Nos jogos de cooperação, o grupo de jogadores pode impor um comportamento cooperativo. Os jogos cooperativos colocam desafios que exigem competências como ouvir, partilhar recursos, negociar, etc. e trabalho de equipa para vencer. Os jogadores divertem-se uns com os outros enquanto partilham recursos e tomam decisões. Descrevem-se em seguida algumas das abordagens de jogos cooperativos mais utilizadas.

Brooks, et al. [29] consideraram jogos de perseguição-evasão um-para-um em que o conhecimento do adversário é conhecido com certeza em todos os momentos, ou seja, os jogadores têm um conhecimento perfeito da posição do adversário, podendo também utilizar modelos primitivos de deteção. Todos os trabalhos anteriores relacionados com este tema se basearam no pressuposto de que o perseguidor conhece a posição do evadido com certeza em todos os momentos. Os autores usaram Electronic Counter Measures (ECMs) para especificar processos em jogos de evasão de perseguição. Os autores utilizaram contramedidas electrónicas (MCE) para especificar processos em jogos de evasão de perseguição. Os processos ocorrem quando os evasores lentos escapam frequentemente aos perseguidores mais rápidos, confundindo o perseguidor. A decisão do evasor baseia-se nas contramedidas electrónicas em função da distância entre os jogadores. Os autores discutem estratégias óptimas para a utilização de contra-medidas electrónicas com base em algumas condições iniciais conhecidas. Tanto o perseguidor como o fugitivo dependem de sensores para determinar a localização dos seus adversários. Esta situação existe no mundo real. Os autores estenderam a variação do jogo de Merz [5], [18] de dois carros idênticos. Este problema também é válido com visão 3D, como no caso de aviões e mísseis.

Jie Li et al. [72] propuseram uma abordagem à teoria dos jogos para o problema da caça ao alvo por robots. Os autores centraram-se na coordenação entre robots. Os autores propuseram dois algoritmos viáveis, nomeadamente a procura de roaming e a procura regional. Os autores utilizaram movimentos não formativos na caça. Krishna et al. [73] propuseram várias funções de campo potencial utilizando o método de formação de Lyapunov para evitar a colisão entre robôs, a colisão entre formações e obstáculos e as atracções em direção ao alvo. Graças a estas formações, os robots atingem provavelmente o alvo que lhes foi atribuído. No artigo [74], os autores optimizaram a estratégia de caça multi-robô com base na teoria dos jogos. Os autores analisaram os elementos que têm impacto na estratégia de caminhada durante o comportamento de caça e definiram o algoritmo de seleção das estratégias com base na teoria dos jogos. Chen Wang et al. no artigo [75] trataram do problema de resolver actividades de caça em ambiente dinâmico. Com base na direção rápida em redor e na direção rápida de captura, os resultados obtêm um caminho ótimo. Isto resulta na eficácia do algoritmo.

Rosemary Emery et al. [33] também trabalharam no controlo de vários robôs com base na teoria dos jogos. Torna-se difícil para uma equipa de robôs coordenar tarefas fortemente acopladas. Os Jogos Estocásticos Parcialmente Observáveis (POSGs) fornecem um modelo de solução para equipas de robôs descentralizadas. Os autores concentraram-se em reduzir o tempo de computação durante o lookahead, utilizando o agrupamento de histórias de observações semelhantes.

2.5.3 Planeamento do movimento de vários veículos

2.5.3.1 Algoritmo de caça cooperativa de AUVs

Os veículos subaquáticos automatizados (AUV) são robots que se deslocam debaixo de água sem qualquer intervenção de um operador. Alguns AUVs também podem tomar as suas próprias decisões, como alterar o perfil da sua missão com base em dados ambientais que recebem através de sensores durante o seu trajeto.

Zhu et al. centraram-se na técnica de caça. A área de caça é vista como um mapa de grelha [76], em que os AUVs evitam obstáculos e deslocam-se em direção ao alvo pelo caminho mais curto.

Além disso, [77] e [7] utilizam redes neuronais para o controlo da marcha com uma rede de realimentação. Os veículos submarinos autónomos (AUV) são utilizados para viajar debaixo de água de forma inteligente [78]. As aplicações dos AUV's são o salvamento subaquático, a deteção, a localização, a cooperação no planeamento de trajectos, etc. [10], [20]. Huang et al. em [79] centraram-se na interação um-para-um entre cada neurónio da rede neuronal e a posição do mapa de grelha no ambiente subaquático. Com a ajuda de cada neurónio, foi possível planear eficazmente a trajetória de cada AUV de caça.

Xiang et al. [80] centraram-se na prevenção de conflitos de trajectórias utilizando a previsão da localização. Os resultados da simulação provam uma caça rápida e altamente eficiente com e sem obstáculos. Ruofan Lv et al. [81] consideraram a influência da corrente oceânica juntamente com a tarefa de caça. O algoritmo do trajeto de caça é também guiado com a ajuda de uma abordagem baseada em redes neuronais. Para ultrapassar o efeito das correntes oceânicas, Xiang et al. [82] propuseram um algoritmo que integra o modelo de neurodinâmica de inspiração biológica (BINM) e o método de síntese da velocidade (VS). Mais uma vez, Xiang [83] discutiu várias teorias relacionadas e o seu significado na investigação. O documento fala de muitos algoritmos com as suas vantagens e limitações.

Mazda Ahmadi e Peter Stone [9] debruçaram-se sobre o sistema multi-robô utilizado para tarefas de varrimento numa área contínua. Uma tarefa de varrimento numa área contínua é aquela em que um grupo de robôs tem de visitar repetidamente todos os pontos de uma área fixa com uma frequência não uniforme. A área completa que está a ser abordada é dividida em dois subproblemas:

1. Um único robô permite realizar de forma autónoma uma tarefa contínua de varrimento de uma área numa sub-região.

2. Partição ou divisão da área total entre os vários robots.

Pramod Abhichandani et al. [22] utilizaram a programação não linear inteira mista (MINLP) para o planeamento do movimento de vários veículos. Os MINLP são cada vez mais utilizados para resolver vários problemas de robótica. O modelo de comunicação estocástico da camada física [78] é incorporado na formulação dos requisitos de conetividade da comunicação entre veículos.

Os três elementos básicos do modelo utilizado são: arquitetura e movimento dos robôs, trajectórias dos robôs e comunicação inter-robôs. Os robôs movem-se num plano global de coordenadas cartesianas. A trajetória do robô é fixa e é representada por uma curva spline cúbica bidimensional.

Recentemente, Zongrui Huang et al. [84] propuseram um método de caça cooperativa multi-AUV (Veículo Subaquático Autónomo) baseado em redes neuronais de inspiração biológica, especialmente para o ambiente subaquático 3D sob o obstáculo. Inicialmente, a representação do sistema 3D do AUV foi efectuada por uma rede neuronal de inspiração biológica, em que cada neurónio da rede neuronal tem uma correspondência de um para um com a posição do mapa da grelha. Em seguida, o valor da atividade dos neurónios é utilizado para orientar a navegação do AUV, bem como a prevenção de obstáculos. Através deste processo, o caminho eficiente foi reunido para cada AUV de caça para capturar o alvo cercado por todos eles. O autor não revelou a dinâmica do alvo através do seu trabalho.

Os autores em [85] propuseram uma nova abordagem baseada em Lyapunov para a caça cooperativa por vários robots. O objetivo é obter a dinâmica relativa a partir da cinemática relativa entre o robô e o alvo. A dinâmica relativa extraída, bem como a dinâmica de todos os robôs, foi utilizada para derivar o controlador local baseado em Lyapunov, de modo a estabilizar os robôs individuais no sistema. Por fim, foi criada a regra de controlo cooperativo através da adição de um termo extra no controlador local. Este termo representava diferenciações mútuas entre os erros de controlo.

2.5.3.2 Estratégias de caça

Existem várias estratégias que podem ser utilizadas nas técnicas de caça. A estratégia de arrastamento de cantos é uma delas. No artigo [86], os autores analisaram o ângulo feito pelo robô na primeira tentativa, com base no evadido, designado no artigo como robô objetivo. A estratégia tornou a tarefa de caça bem sucedida e também reduziu o tempo de caça. Os autores em [87] propuseram uma estratégia de caça utilizando uma estratégia de pesquisa global de partições. A estratégia depende do tamanho do grupo de peixes multi-robóticos e das diferentes condições do alvo de busca. Xialong et al. [88] propuseram uma estratégia de controlo denominada sistema Multi-Input Multi-Output (MIMO). A complexidade do sistema reflecte-se no seu forte acoplamento.

Existe uma boa quantidade de literatura sobre tarefas e abordagens de caça com vários robots [19-20]. Por exemplo, Ni e Yang utilizaram uma equação de manobras baseada em redes neuronais

[10] para a caça com vários robots. As abordagens de caça com vários robôs podem ser utilizadas para capturar um único evadido [89], [17] ou vários evadidos [10], [76].

Xu et al. [17] abordaram eficazmente o problema da tarefa de caça um a um, ou seja, a tarefa de um único caçador para apanhar uma única presa. Os autores propuseram um algoritmo de otimização automática de rastreio - perseguição de alvos móveis (TAO-MTP). O algoritmo utiliza uma fila para armazenar a trajetória da presa. Isto ajuda a seguir a trajetória. Juntamente com este algoritmo, é também executado o A* adaptativo em tempo real, que ajuda a perseguir a presa. Só funciona bem quando a velocidade do caçador é superior à da presa.

Além disso, Ma et al. propuseram uma aliança dinâmica [90] de vários robots para caçar. Esta aliança dinâmica foi concebida para lidar com o caso de mais do que um evadido com o objetivo de diminuir o tempo total de caça.

Yamaguchi usou robôs móveis holonómicos para caçar um alvo usando formações de tropas [89]. A formação de tropas é um movimento de coordenação que se adequa a áreas de vigilância. Os robôs têm um vetor como vetor de formação, pelo que a formação é controlada por vectores.

Kachroo et al. centraram-se no problema do pastoreio [91]. É considerado o problema de pastoreio de cães e ovelhas, em que a ovelha é a entidade passiva que depende da posição do cão. A programação dinâmica foi utilizada para resolver este problema. Os autores propuseram um algoritmo baseado na solução do caminho mais curto de Dijkstra e em algoritmos de programação dinâmica direta. A solução de programação dinâmica direta é superior ao algoritmo do caminho mais curto de Dijkstra em termos de complexidade.

Yannakakis et al. debruçaram-se sobre mecanismos de aprendizagem supervisionada e não supervisionada para abordar a coordenação de vários robots [92]. Os autores demonstraram um comportamento cooperativo entre os agentes e preferiram uma abordagem genérica em vez de abordagens de aprendizagem supervisionada em mundos multiagentes tão complexos.

Os autores em [10] conceberam uma abordagem baseada em redes neuronais bioinspiradas para a caça cooperativa de fugitivos em tempo real utilizando uma equipa de multi-robôs. Tanto quanto sabemos, esta foi a primeira abordagem a considerar a dinâmica dos robots e dos evadidos num ambiente em tempo real, tendo em conta obstáculos de diferentes dimensões. Esta abordagem baseia-se na procura de alianças de robôs para capturar eficazmente os fugitivos. A caça em tempo real foi efectuada através da conceção da equação de manobras. A nossa abordagem baseia-se neste trabalho apenas com a consideração de resolver o problema da caça repetida. Ni Yang [10] utilizou a abordagem baseada em redes neuronais, mas, em comparação, Xu et al. utilizaram o algoritmo TAO-MTP. Esta abordagem ajudou a seguir a trajetória e tornou-a viável para os outros robôs. Depois, Yamaguchi utilizou a formação de tropas na área de vigilância através de um vetor. Mais tarde, Ma et al., no artigo [90], propuseram uma abordagem baseada em alianças dinâmicas que constitui uma melhoria em relação ao trabalho anterior, uma vez que permite reduzir o tempo total de captura do evasor.

Zhi-Qiang Cao et al. [93] relataram inicialmente a primeira abordagem para efetuar a caça cooperativa utilizando vários robôs. Introduziram o método de Interação Local Cooperativa (CLI) para realizar a caça cooperativa. Esta abordagem baseia-se em vários pressupostos e foi concebida tendo em conta os ambientes conhecidos. Com este método, cada robô encontra o seu estado atual e depois toma uma decisão com base na informação do invasor e dos robôs próximos. No entanto, esta abordagem não é praticamente possível num ambiente em tempo real em que os robôs e os invasores são dinâmicos e mudam frequentemente de posição. O nosso trabalho é diferente deste, uma vez que estamos a trabalhar num ambiente totalmente dinâmico.

Seguindo a abordagem CLI, em 2009, Wenwen Zhang et al. [94] propuseram outro método de caça a multi-robots. Estes autores propuseram um método de caça para sistemas multi-robot baseado na interação local. Esta foi a primeira abordagem registada em ambientes não estruturados e dinâmicos. O seu processo de caça é composto por três fases, tais como a fase inicial de seguimento e pesquisa com líder fixo, a fase de seguimento e pesquisa com líder variável e, finalmente, a fase de caça. Conceberam o método de comunicação eventtrigger utilizando o estado de observação do evadido. O nosso trabalho baseia-se na caça de vários robots para vários evasores dinâmicos num ambiente em tempo real, tendo em conta os obstáculos de pequena a grande dimensão.

2.5.4 Otimização por enxame de partículas

A otimização por enxame de partículas (PSO) é uma técnica de otimização estocástica com uma população designada por enxame e cada enxame tem uma solução candidata designada por partículas. A PSO é fácil de implementar e existem apenas alguns parâmetros a ajustar. Existem várias abordagens cooperativas [95], [96], [97] de PSO. Algumas delas são apresentadas de seguida.

Zebing Wang propôs uma tarefa de caça cooperativa auto-organizada [98] por um enxame de robôs. Cada enxame robótico podia detetar o ângulo do alvo em movimento. Como os objectos humanos se moviam através da região de deteção, a abordagem proposta tornou-se eficaz e viável.

H. Zhang et al., no seu artigo [95], conceberam um método de auto-organização para enxames de robôs utilizando um modelo simplificado de força virtual para decompor o comportamento de caça num ambiente desordenado. Este método de controlo é utilizado para determinar a localização do alvo e decidir o movimento do enxame de robôs. Devido ao modelo SVF, o problema dos mínimos locais foi resolvido. Esta abordagem é diferente e melhor do que a utilizada em [98], uma vez que utiliza tanto a localização como o movimento do alvo.

Tian-Yun et al. [96] apresentaram matematicamente o comportamento de caça cooperativa. Com base na decomposição do comportamento de caça, a regra de preferência livre é considerada como uma interação entre os indivíduos e os alvos para uma caça ideal.

A modelação em grelha [97] é utilizada por um enxame de robôs numa tarefa de caça. Para detetar pontos de caça através de uma estratégia de controlo e, em seguida, utilizando a otimização de enxames de partículas, os autores encontraram trajectórias de movimento óptimas. A abordagem de Zebing Wang é diferente desta abordagem porque encontra um caminho ótimo e, portanto, pode atingir o alvo em menos tempo.

Ying Tan [99] discutiu muitos algoritmos de SR, como o mecanismo de controlo cooperativo para a formação de bandos e várias aplicações de pesquisa. O autor debruçou-se também sobre diferentes estratégias de pesquisa, técnicas de troca de informações inspiradas na inteligência de enxame e noutros métodos, como os baseados em sensores, os multiagentes, etc.

Nighot et al. utilizaram a inteligência de enxame [100] no processo de caça e centraram-se na flexibilidade, robustez e capacidade de auto-organização com a ajuda da inteligência de enxame. Os investigadores em [101] utilizaram enxames aéreos para resolver problemas existentes no mundo real, acompanhados pela queda dos preços e pela melhoria do desempenho do hardware de comunicação, deteção e processamento. No artigo [102], os autores utilizaram um método de planeamento de trajectórias baseado no algoritmo da libélula para sistemas heterogéneos de vários robôs.

2.6 Falha do robô

A disponibilidade dos robots na aliança deve ser assegurada e deve funcionar sem falhas. Feddema et al. [24] centraram-se nas falhas dos robots. Mas a limitação da investigação é o facto de não investigar a aleatoriedade das falhas em diferentes momentos e posições na experiência. No entanto, os autores descrevem como a teoria do controlo descentralizado pode ser utilizada para analisar o controlo de múltiplos veículos robóticos cooperativos. Além disso, Cao et al. em [45] utilizaram a abordagem robusta para ultrapassar os erros das redes de comunicação e a coordenação das rodas utilizando interações locais para tarefas de caça com vários robôs em ambientes desconhecidos.

Como mostra a investigação de Jennifer Carlson et al. [30], o tempo médio entre falhas (MTBF) para robots de muitos fabricantes é de 6 a 20 horas. Os autores tentaram melhorar o rácio para 24 horas e a disponibilidade é de 54%. Com base neste facto, os autores sugeriram que a probabilidade de MTBF ainda é demasiado baixa. Concluíram dizendo que a diferença entre o tempo médio até à falha e o tempo médio até à reparação, o tempo de inatividade varia muito. Este estudo mostra que a falha é óbvia. O tempo de reparação demora mais tempo em condições que são difíceis de reparar o robot. Por conseguinte, a solução alternativa consiste em atribuir robôs ociosos como reserva ou realizar a tarefa com $N - i$ robôs, em que N é o número de robôs e i é o robô que falhou [103].

Jianjun Ni et al. [10] efectuaram um estudo aprofundado sobre a caça por robôs. Os autores consideraram o caso em que os robôs podem partir-se antes e depois de o fugitivo ser apanhado. O problema foi resolvido reformulando e reiniciando a tarefa de caça. Reiniciar o sistema é fácil no projeto de simulação, mas para ser implementado no universo real, é um desperdício de recursos e é demasiado dispendioso.

Outra investigação de Khan T. et al. [104] supera a falha robótica de robôs falhados fixando os pontos de soldadura em cada estação. Se algum dos robôs falhar, o robô é reparado nesse ponto e o robô falhado é substituído pelo robô em funcionamento nessa estação.

2.7 Aplicações de sistemas multi-robô

A cooperação entre vários robôs desempenha um papel muito importante na realização de tarefas críticas em aplicações do mundo real, como a vigilância, a gestão de catástrofes e a modelação de terrenos em 3D. No passado, a investigação na área dos multi-robôs registou avanços por parte de vários grupos de investigação em todo o mundo [10], [25], [26]. Isto inclui investigação sobre multi-robôs para fazer uma aliança para empurrar e puxar um objeto [105], multi-robôs para encontrar ou caçar um alvo [18], varrimento contínuo de áreas [9], teoria dos jogos [106], transporte de objectos com excesso de peso [105] e muitos outros [92], [79].

Num ambiente multi-robótico, muitas situações perigosas podem ser realizadas por robôs sem a intervenção direta de seres humanos, desde pequenas a grandes e complexas, os multi-robôs podem trabalhar em conjunto para completar uma tarefa, como a missão de minas navais [6], fornecendo segurança contra invasores em áreas de vigilância [89] através da formação de tropas, avaliando a área de ameaça [93], caçando na água do oceano [81], etc., utilizando comunicação cooperativa [9]. Há várias aplicações em que a necessidade de utilizar vários robots desempenha um papel importante. Os multi-robôs podem substituir os humanos em ambientes perigosos ou em processos de fabrico [6], assemelhar-se aos humanos em termos de aparência, comportamento e cognição para aplicações específicas [2], etc.

Populações de muitos robots minúsculos poderiam ser utilizadas para efetuar tarefas como a polinização de culturas. Os robôs autónomos são capazes de responder e de se adaptar ao seu ambiente, podendo ter inúmeras vantagens em áreas como as zonas de guerra e as operações de limpeza perigosas. Muitas outras situações perigosas podem ser realizadas por robôs, como a exploração de bombas [94], tarefas médicas [60], caça [10], [26], [89], [45], [90] e muitas outras, através da integração de várias técnicas, incluindo a lógica difusa [107], a otimização por enxame de partículas [14] e modelos híbridos [108].

As aplicações em que existem sistemas multi-robôs são os robôs de escalada de superfícies electroadesivas, os sistemas cirúrgicos telerrobóticos, os veículos aéreos não tripulados (UAV), os veículos terrestres autónomos, a robótica não tripulada para fins militares, os robôs de inspeção para condutas e segurança portuária, os robôs auto-organizados e ligados em rede, a biomimética e a tecnologia de músculos artificiais, o software de navegação e cartografia e muitos outros.

Capítulo 3

SISTEMA MULTI-ROBÔ PARA CAÇA

Este capítulo inclui uma compreensão pormenorizada da cooperação entre vários robôs para a caça. Neste capítulo, é proposta uma solução para a criação de um sistema de cooperação entre vários robôs para a caça. Para representar a tarefa de caça, é efectuado algum trabalho experimental no simulador MATLAB utilizando uma estratégia de caça básica. O algoritmo de arrastamento de cantos num problema de caça é utilizado para compreender como a tarefa de caça pode ser cumprida. Este algoritmo é aplicado e testado em vários casos para mostrar a compreensão clara do problema.

3.1 Introdução

A caça é a prática de matar ou capturar intencionalmente outros animais, ou de os perseguir ou seguir. A caça praticada pelos seres humanos pode ter como objetivo a alimentação, a recreação ou a eliminação de predadores que possam ser perigosos para os seres humanos ou para os animais domésticos, ou ainda para fins comerciais. Outra definição de caça é a identificação de objetos que são diferentes da maioria dos objectos. Por exemplo, procurar tomates crus e separar os tomates em diferentes contentores com base no seu estado de maturação. Num sistema com vários robôs, a caça consiste em vários robôs móveis capazes de apanhar os adversários. Os adversários nesta tarefa de caça são designados por evasores. Os evadidos do sistema são também evadidos móveis. O sistema multi-robô também tem muitos obstáculos na área circundante. A área onde estão colocados os robots, os evadidos e os obstáculos é designada por campo de interesse. A tarefa dos robôs móveis consiste em caçar inteligentemente os evadidos móveis e capturá-los enquanto detectam e evitam os obstáculos. Estes evadidos móveis também são inteligentes. O facto de os evadidos serem inteligentes significa que tentam escapar aos robôs que vão na sua direção. Os evadidos podem também detetar e evitar obstáculos. O sistema de vários robôs assegura a conclusão da tarefa de caça, capturando com êxito os evadidos.

Em geral, o problema da caça consiste em caçar fugitivos por vários robots no campo de interesse. Os robôs trabalham em equipa de forma cooperativa para apanhar os fugitivos, evitando os obstáculos. Pode haver um único robô ou vários robôs no campo de interesse para caçar. Assim, os robôs formam um grupo de forma cooperativa e capturam os evadidos. Como pode haver vários obstáculos no terreno, a tarefa de caça envolve também várias subtarefas, como a deteção de colisões, a prevenção de colisões, a deteção e prevenção de obstáculos, a aproximação ao objetivo, o seguimento da parede, etc. Estas subtarefas funcionam de forma colaborativa e, em seguida, o objetivo de capturar com êxito os evadidos é concluído.

Há várias tentativas de realizar a tarefa de caça feitas por muitos autores [3], [10], [25], [26], [35] como descrito no Capítulo 2. O nosso trabalho de investigação é inspirado num trabalho anterior proposto pelos autores em [10]. Neste trabalho, os autores focaram-se na tarefa de caça por múltiplos robots. Na tarefa de caça, os autores propuseram uma solução em que quatro robôs formam uma equipa para apanhar um evadido, evitando obstáculos. O nosso trabalho de investigação considera o mesmo problema que o discutido pelos autores no artigo [10]. Além disso, o nosso trabalho de investigação é inspirado no trabalho anterior proposto em [86]. Neste artigo, os autores contribuíram ao propor um algoritmo de canto baseado no primeiro ângulo.

O capítulo está organizado da seguinte forma. A Secção 3.2 descreve o enunciado do problema. A Secção 3.3 inclui o modelo do sistema. Na Secção 3.4 é apresentado um estudo exaustivo de várias estratégias de caça. A abordagem proposta é discutida na Secção 3.5. A Secção 3.6 apresenta a implementação da abordagem proposta. A Secção 3.7 apresenta as experiências, os resultados e a análise comparativa dos resultados, seguida do resumo na Secção 3.8.

3.2 Declaração do problema

O problema da caça por vários robôs é estudado em pormenor nesta secção. Para refletir o cenário em tempo real, a tarefa de caça é realizada num ambiente desconhecido. O ambiente desconhecido é aquele em que os multi-robôs não têm qualquer informação sobre o fugitivo, os obstáculos e os arredores. Por conseguinte, os robôs capturam o evadido num ambiente desconhecido. Os vários robôs só têm informações sobre a área do ambiente onde têm de procurar e apanhar os evadidos.

Aqui, os robôs são designados por r_i, i = 1,2,...n, que pertencem a uma equipa de robôs Q. Cada robô é um robô omnidirecional com capacidade visual de $360^\wedge$. Os robôs também podem comunicar entre si numa equipa e reconhecer-se a si próprios, a área em que caçam e os evasores.

Os evadidos são designados por e_j , j = 1,2,...,m. Cada evadido é também um evadido omnidirecional com capacidade visual de 360°. Os evadidos movem-se aleatoriamente quando não vêem qualquer robô ou obstáculo no início. Quando os evadidos avistam um robot, tentam fugir e evitar os obstáculos.

Tal como referido em [10], a tarefa de caça é iniciada por uma equipa de robôs Q. A tarefa é designada por T = Ne, Nr, As, em que Ne é o número de fugitivos, Nr é o número de robôs para apanhar o fugitivo e As é a área do espaço de procura. Em primeiro lugar, o robô começa a procurar o evadido. Qualquer robô que veja primeiro o evadido torna-se o comandante temporário. O robô comandante temporário é designado por r_{temp} . Este robô transmite a posição do evadido a todos os outros robôs da equipa. O comandante cria uma identificação única que é transmitida aos outros robôs da equipa. Este cenário é bem apresentado na figura 3.1. Cada círculo representa uma região da equipa porque os robôs têm uma capacidade visual de 360° . Os robôs da equipa vão perseguir o evadido formando uma aliança, o que significa que os robôs vão em direção ao evadido para o apanhar. Se a condição para apanhar o evadido for satisfeita, os robôs continuarão a apanhar o evadido até este ser apanhado. Termina assim a tarefa de caça de uma equipa.

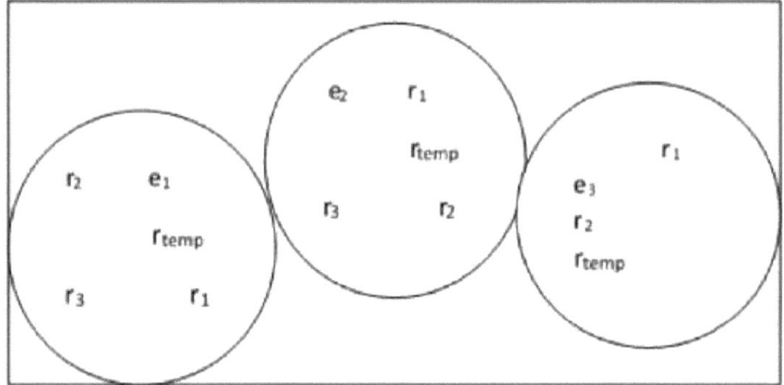

Figura 3.1: Região da Equipa de Robôs e do Evader

3.3 Modelo

O problema da caça com vários robôs centra-se na captura dos fugitivos. Um fugitivo é um adversário que tenta escapar aos robots. O ID é partilhado pelo comandante temporário entre os robôs de uma equipa, de modo a que os robôs se possam identificar a si próprios e ao adversário numa equipa. O problema da caça lida com vários robôs que trabalham em cooperação para apanhar os fugitivos [32]. Por exemplo, em linhas de controlo onde a vida humana pode estar potencialmente em perigo, podem ser utilizadas equipas de vários robôs. Este problema é um desafio porque engloba vários outros subproblemas, como a atribuição de tarefas [33] pelo comandante temporário que vê primeiro o evadido, a procura de evadidos [32], [10], a localização das posições dos evadidos e a deteção e prevenção de colisões que se interpõem no caminho dos robôs ao apanharem os evadidos, etc.

A tarefa mais difícil no problema da caça é apanhar um evadido que tem um certo grau de inteligência para tentar escapar aos robots [10], o que significa que o caminho do evadido não está predefinido e pode ser irregular e imprevisível. Neste caso, considera-se que os evasores são mais poderosos do que os robôs, na medida em que estão equipados com sensores de grande alcance, o que reflecte o cenário do mundo real. Por conseguinte, estes robôs múltiplos têm de ser suficientemente adaptáveis e robustos para cumprirem a tarefa de caçar estes evasores de forma eficiente e atempada.

A tarefa de caça pelos robôs numa equipa é a abordagem cooperativa. A tarefa de caça é dividida nas três etapas seguintes:

1. Procurar o evasor.
2. Perseguir o evasor.
3. Apanhar o evasor.

Etapa 1. Fase de pesquisa: A tarefa de caça começa com a procura do evadido no espaço de pesquisa. Na fase de procura, os robôs deslocam-se aleatoriamente em qualquer direção no espaço ou campo de interesse. O robô procura continuamente os evasores ou os adversários. Durante a procura, os robôs podem também detetar alguns obstáculos e evitá-los. Assim que o robô vê o evadido, a tarefa de procura termina.

Etapa 2. Fase de perseguição: Na fase de perseguição, o robô que vê o fugitivo torna-se o comandante temporário. A identificação é transmitida pelo robô que vê o evadido a todos os outros robôs da equipa. Desta forma, a equipa coordena-se para perseguir o evadido, o que constitui a segunda etapa da caça. A fase de perseguição é um estado em que os robôs trabalham em equipa e avançam em direção ao evadido. Esta fase de perseguição está ativa até haver possibilidades de fuga do fugitivo. Quando todos os robôs de uma equipa se encontram numa área em que todos os robôs podem ver o fugitivo, começa a fase de captura e termina a fase de perseguição. Se a condição de captura do fugitivo não for satisfeita em qualquer momento, os robôs entram novamente no estado de perseguição e passam à fase de captura quando a condição é novamente satisfeita.

Etapa 3. Fase de captura: A fase de captura é o estado em que todos os robots conseguem ver o evadido e em que as hipóteses de fuga do evadido terminam. O estado de captura começa e, finalmente, diz-se que o fugitivo foi apanhado. Desta forma, a tarefa de caça fica concluída quando todos os fugitivos de todas as equipas são apanhados. O fluxo da tarefa de caça é apresentado na figura 3.2.

Figura 3.2: Fluxograma da tarefa de caça

3.4 Várias estratégias de caça

O problema da caça com vários robots pode ser resolvido através de várias soluções diferentes [109], [70], tal como referido no capítulo dois. Existem vários métodos convencionais [10]. Os métodos podem ser classificados em duas categorias: métodos baseados na localização e métodos baseados em sensores. Nos métodos baseados na localização, a localização do alvo é conhecida antecipadamente, sendo utilizadas técnicas de cooperação baseadas na inteligência artificial para caçar os alvos [71]. Enquanto que nos métodos baseados em sensores, a teoria de controlo tradicional é adoptada pela maioria dos investigadores para realizar a tarefa de caça ao alvo em ambiente desconhecido utilizando a informação recebida dos sensores [24].

Além disso, Ma et al. propuseram uma aliança dinâmica [90] de vários robots para caçar. Esta aliança dinâmica foi concebida para lidar com o caso de mais do que um evadido, com o objetivo de diminuir o tempo total de caça. Yamaguchi usou robôs móveis holonómicos para caçar um alvo usando formações de tropas [89]. Zhi-Qiang Cao et al. [93] introduziram o método de Interação Local Cooperativa (CLI) para conseguir uma caça cooperativa. Os autores em [10] conceberam uma abordagem baseada em redes neuronais para a caça cooperativa de evasores em tempo real utilizando uma equipa de multi-robôs. O nosso trabalho é influenciado pela abordagem baseada em redes neuronais para a tarefa de caça num sistema multi-robô. A tese global baseia-se no desenvolvimento de uma melhoria teórica e prática para o bom funcionamento de uma tarefa de caça.

Os principais contributos deste capítulo são resumidos da seguinte forma:

1. Assegurar a conclusão da tarefa de caça utilizando o algoritmo de arrastamento de cantos.

2. Poupança de recursos de hardware ao permitir que o sistema apanhe o evadido com um menor número de robôs no campo de interesse, tal como utilizado em [10].

3. Reduzir a complexidade das despesas gerais para o comandante temporário.

4. Redução do tempo total de caça em comparação com [10].

3.5 Abordagem proposta

A tarefa de caça em tempo real tem dois grandes problemas que precisam de ser resolvidos. O primeiro é caçar eficientemente os evasores usando comportamento cooperativo. O segundo é reduzir a carga de comunicação durante a caça [3]. Para realizar uma tarefa de caça adequada por vários robôs, os robôs precisam de estar bem coordenados, uma vez que o evadido é suficientemente inteligente para escapar.

Na abordagem proposta, concentramo-nos em reduzir a carga de comunicação do robot mestre, também designado por comandante temporário. A abordagem proposta utiliza uma modificação do algoritmo go to goal que utiliza o Corner Dragging Algorithm (CDA). O número de robots é reduzido para dois, em comparação com quatro em [10], utilizando o CDA. O CDA propõe uma abordagem mais simples e inovadora de arrastar o evadido para qualquer um dos cantos, limitando assim ao mínimo as rotas de fuga do evadido. A CDA inclui a definição de uma coordenação adequada entre dois robôs e o arrastamento de um fugitivo para o canto antes de os robôs o apanharem. A aliança é formada de modo a que os fugitivos sejam arrastados para a esquina. Existem outros algoritmos que são utilizados em conjunto com este algoritmo, tais como evitar obstáculos e ir para o ângulo. No algoritmo modificado, verifica-se uma melhoria no número total de recursos utilizados, no tempo necessário para apanhar o evadido e na carga de comunicação do robot mestre, como mostra o quadro 1. Gostaríamos agora de definir alguns sinais que são utilizados para descrever a abordagem proposta.

3.5.1 Sinalizadores

As bandeiras são utilizadas para saber o estado de cada robot durante a caça. Em geral, existem quatro fases, como a procura, a perseguição, a captura e a quebra [10]. Esta bandeira é representada por f1(r_i), em que r_i é o robot. Da mesma forma, também usámos a bandeira para cada evadido e_j como f2(e_j). Esta bandeira mostra o estado do evasor como sendo desconhecido, conhecido ou apanhado.

$$f_1(r_i) = \begin{cases} 0, & \text{broken stage} \\ 1, & \text{searching stage} \\ 2, & \text{pursuing stage} \\ 3, & \text{catching stage} \end{cases}$$

$$f_2(e_j) = \begin{cases} 0, & \text{unknown} \\ 1, & \text{known} \\ 2, & \text{caught} \end{cases}$$

3.5.2 Estratégia da Dynamic Alliance

A tarefa de caça começa com o processo de procura. Tanto os fugitivos como os robots movem-se aleatoriamente. Assim que o robô vê o evadido, torna-se o comandante temporário ou mestre. Este mestre conhece a posição do evadido e, por isso, pode calcular a distância de cada robô em relação ao evadido. O robô mestre solicita a bandeira de estado e a posição dos outros robôs. Depois, começa o estado de perseguição. A distância entre o evadido e o robô é calculada de forma a que o evadido seja arrastado para a esquina e só possa ser apanhado por dois robôs, um dos quais é o mestre e o outro é o seguidor.

O robô mestre também tem de encontrar o canto mais próximo e arrastar o fugitivo para esse canto. Isto ajuda a poupar a energia e o tempo necessários para apanhar o evadido.

A explicação da tarefa de caça completa é dada a seguir: Supondo que o campo de interesse é uma plataforma quadrada. O robot $r1$ é o mestre e $r2$ é o seguidor. Sejam $|X|$ e $|Y|$ os valores mais altos das coordenadas do campo de interesse. A distância do robot aos quatro cantos pode ser calculada pela seguinte equação:

$$r_i = \sqrt{(x_{r_i} - C_{1_{jk}})^2 + (y_{r_i} - C_{2_{jk}})^2} \tag{3.1}$$

Destas quatro distâncias, deve ser selecionado o canto mais próximo do robot.

É representado por $corn(x, y)$. Por conseguinte, o canto selecionado, $corn = min(r_i)$ As distâncias do robô $r1$ ao evadido são calculadas pela seguinte equação, em que o evadido é arrastado para o canto na direção do eixo x.

$$dist(p_{r_1}, p_{e_j}) = \sqrt{(x_{r_1} - x_{e_j} \pm k_1)^2 + (y_{r_1} - y_{e_j})^2} \tag{3.2}$$

A distância do robô $r2$ ao evadido é calculada pela seguinte equação, em que o evadido é arrastado para o canto na direção do eixo y.

$$dist(p_{r_2}, p_{e_j}) = \sqrt{(x_{r_2} - x_{e_j})^2 + (y_{r_2} - y_{e_j} \pm k_2)^2} \tag{3.3}$$

Assim que o robot mestre souber a posição e o canto onde o fugitivo tem de ser apanhado, começa a fase de perseguição. Se o valor da bandeira do robô for 1, o estado do robô é na fase de procura. Na fase de perseguição, os robôs coordenam-se entre si e avançam em direção ao fugitivo. O fugitivo é apanhado no canto utilizando o algoritmo de arrastamento do canto.

3.5.3 Estratégia de arrastamento de coordenação/cooperação

Adoptamos um algoritmo simples e inovador para apanhar o evadido, arrastando-o para a fronteira, de modo a diminuir a possibilidade de fuga. Há apenas dois robôs numa equipa que trabalha de forma cooperativa e bem coordenada para apanhar o fugitivo. Assim, o robô que é o comandante temporário transmite a mensagem e o outro robô recebe-a. Por conseguinte, a carga de comunicação do robô mestre é reduzida para 66,67. A comunicação é efectuada apenas entre dois robôs, sendo um deles o comandante temporário e o outro o escravo, ao passo que em [10], o comandante temporário comunica com outros três robôs.

3.5.4 Estratégia de formação

Depois de terminada a fase de perseguição, começa a fase de captura. Na fase de captura, os robots aproximam-se do evadido e torna-se impossível para este escapar, uma vez que o evadido é coberto por todos os lados. Aqui as tarefas de caça terminam se todos os evasores no campo de interesse forem apanhados.

3.6 Implementação

A implementação é baseada no software SimIam em linguagem de programação MATLAB. Como descrito anteriormente, a implementação do sistema centra-se principalmente no sistema multi-robô e na redução dos recursos de hardware e do tempo de caça do sistema global. Nesta simulação, uma equipa de robôs tem de caçar fugitivos num determinado ambiente.

3.6.1 Sobre o software SimIam

O SimIam é um software de simulação para robótica baseado em MATLAB. Foi concebido de forma a ajudar os programadores a simular facilmente os seus programas robóticos. O SimIam utiliza a versão orientada para objectos do MATLAB. Tem muitas funções de classes baseadas na abordagem orientada para objectos.

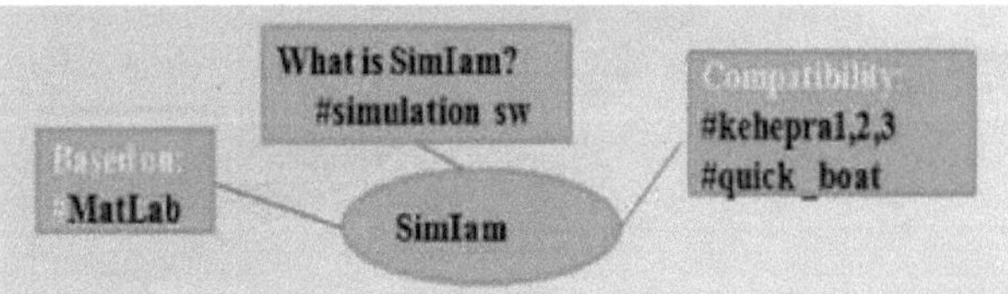

Figura 3.3: Ilustração diagramática do software SimIam

3.6.2 Vantagens do SimIam

Utilizamos o simulador SimIam porque tem um esquema de programação organizado e modularizado. Embora o SimIam não utilize GUI, é fácil de programar para programadores que não são novos em MATLAB, Java, C++, C ou quaisquer outras linguagens de programação.

O sistema de caça multi-robô usando CDA e as suas experiências de simulação são discutidos nas subsecções seguintes:

1. Sistema de caça a um evasor
2. Sistema de caça a vários evasores
3. Busca de sistema com falha robótica

4. Sistema de caça com obstáculos de diferentes formas
5. Caça ao sistema com todos os robots utilizando a fronteira de obstáculos

3.7 Experiências, resultados e análise

Os robots são representados por Q. $r_i, i = 1,2,..., n$ e os evasores são representados por e_j, $j = 1,2,...,m$. Considerámos vários casos práticos, tais como estático vs

Passo 1:

Inicializar as bandeiras de estado de todos os robots $f_{rri}) = 1$;

Passo 2:

O robot que encontrar primeiro o fugitivo torna-se $r1 = mestre$, $fr_{ri}) = 2$;

Passo 3:

Calcular $$r_i = \sqrt{(x_{r_i} - C_{1_{jk}})^2 + (y_{r_i} - C_{2_{jk}})^2}$$

O canto mais próximo do robot é selecionado. É representado por $corn(x, y)$.

Passo 4:

Canto selecionado, $corn = min(r_i)$;

Passo 5:

Se $cornx = -X$ (coordenada x do canto mais próximo), então,

Passo 6:

$k_1 = + ve$;

Passo 7:

Caso contrário, $k_1 = - ve$;

Passo 8:

Fim;

Passo 9:

Calcular a *distância* $(p_{r_1}, p_e)_j$

são calculadas as distâncias do robô $r1$ em relação ao evadido, sendo este arrastado para o canto na direção do eixo x.

Se $corn_y = -Y$ então, $k2 = +ve$ Senão $k2 = -ve$;

Fim

Calcular;

Tabela 3.1: Pseudo-código do CDA

S. Não.	Parâmetros	Valor	Observações
1	Rs	2	O alcance dos sensores de bordo (m)
2	Ne	2	Número de robôs para apanhar um evadido
3	vr	0.5	Velocidade do robot (m/s)
4	ve	0.3	Velocidade do evasor (m/s)

Tabela 3.2: Parâmetros da tarefa de caça

ambientes dinâmicos, robôs em diferentes locais e recolheram resultados relevantes. Os parâmetros utilizados nestas simulações são apresentados na Tabela 3.2.

Ao efetuar as simulações com base na tarefa de caça para um sistema multi-robô, considerámos os seguintes pressupostos:

1. Hipótese 1: A velocidade do evadido é inferior à do robot. Se o evadido aumentar a velocidade depois de ver o robot, este também aumentará a velocidade mais do que o

evadido. Assim, a velocidade do robot é sempre superior à do evadido. Por isso, a velocidade é fixada como indicado na tabela 3.2.

2. Hipótese 2: O tempo total de caça é medido em segundos e não em passos. O comprimento do passo é um valor relativo. Contabiliza os passos de todos os robôs de uma equipa e não apenas de um. Os parâmetros e pressupostos utilizados ao longo destas simulações são os mesmos deste capítulo.

3.7.1 Ambiente estático com um evasor

Esta é a primeira simulação que realizámos utilizando a CDA proposta. Nesta experiência de simulação, considerámos um caso de um fugitivo apanhado por apenas dois robôs num determinado ambiente com alguns obstáculos. Os robôs arrastam o fugitivo para o canto mais próximo e apanham-no. A área é de 20 x 20 (m^2). Tal como referido em [10], reproduzimos o pior cenário possível em simulação, posicionando o evadido no centro superior do ambiente, ou seja, (10, 20). Os dois robots estão posicionados nos dois cantos do ambiente, ou seja, (0, 0) e (20, 0). A Figura 3.3 mostra as localizações dos robots, dos evadidos e dos obstáculos. O robô Khepera de cor vermelha é o evadido e os de cor preta são os robôs que apanham os evadidos. Existem quatro obstáculos no campo de interesse. Na fase de procura, todos eles se movem aleatoriamente e, durante a fase de perseguição, os robôs arrastam o evadido para um canto e, por fim, apanham-no.

A figura 3.4 (a) mostra a posição inicial dos robots. A figura 3.4 (b) mostra as posições iniciais dos robots e do evadido no simulador. A figura 3.4 (c) mostra a trajetória enquanto os robôs estão a apanhar o evadido. A figura 3.4 (d) mostra as posições finais do robô e do fugitivo no processo de caça. A figura 3.4 (e) mostra o gráfico das trajectórias finais dos robôs e do fugitivo quando este é apanhado. Utilizámos aleatoriamente os ângulos dos robôs para refletir o pior cenário possível e, por isso, não adoptámos a abordagem utilizada em [10].

Os resultados da Figura 3.4 demonstram que o evasor tem um certo grau de inteligência, pois quando encontra um obstáculo ou um robô muda rapidamente de direção. No entanto, mesmo com este nível de inteligência, os robots conseguem finalmente capturar o evasor de forma eficiente. Os resultados mostram que a fase de perseguição começa aos 25th segundos e demora 34 segundos. A fase de captura começa aos 35th segundos e demora 5 segundos. A cooperação entre dois robots pode ser vista na Figura 3.4 (c), (d) e (e).

Com a utilização do algoritmo de arrastamento de cantos, verifica-se uma melhoria no resultado quando comparado com o trabalho anterior efectuado em [10]. O número de recursos é reduzido, pelo que a comunicação entre robots é muito menor. Como o robô mestre interage apenas com outro robô, a sobrecarga reduz-se significativamente. Além disso, como o evadido vê

 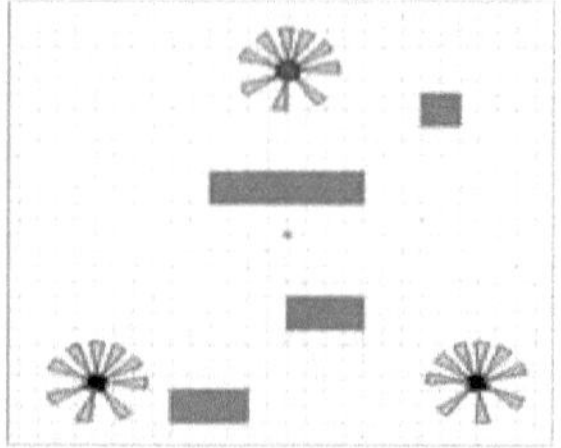

(a) Posição inicial dos robots e do evadido (b) Posições iniciais no simulador.

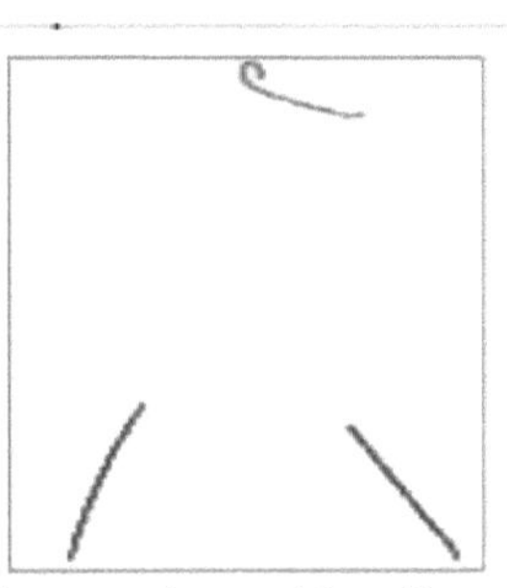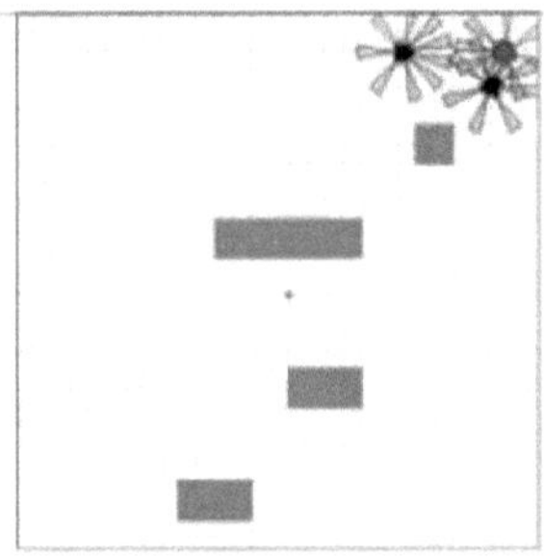

(c) Trajetória enquanto os robôs estão a apanhar o evadido (d) Posições finais onde o evadido
é apanhado

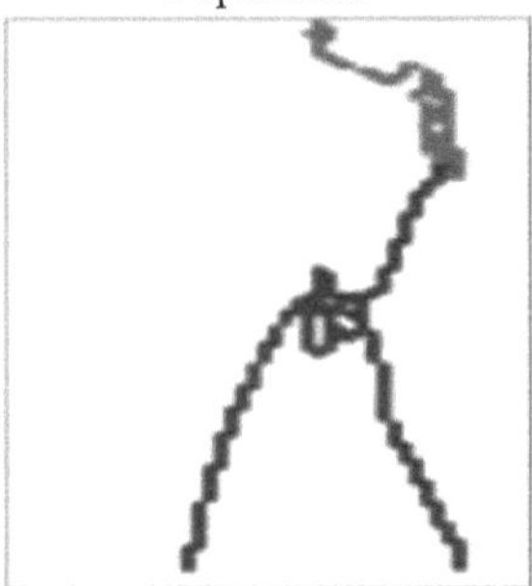

(e) Trajectórias finais em que os robôs apanham o evadido

Figura 3.4: Caça a um evasor através do simulador

Se o robô estiver rodeado de dois lados, o fugitivo é facilmente apanhado. Mas se o fugitivo estiver rodeado por quatro robôs, tenta escapar, o que, por sua vez, demora mais tempo a ser apanhado. Os resultados comparativos são apresentados nos quadros 3.3, 3.4 e 3.5. O custo do hardware é reduzido em 50%.

Algoritmo	Robô	Evader
Aliança dinâmica e estratégia de formação [10]	4	1
Algoritmo de arrastamento de cantos	2	1

Tabela 3.3: Recursos de hardware utilizados

Algoritmo	Robô
Aliança dinâmica e estratégia de formação [10]	75 segundos
Algoritmo de arrastamento de cantos	38 segundos

Tabela 3.4: Tempo necessário para a tarefa de caça

Algoritmo	Mestre Robô	Robô escravo
Dynamic Alliance e Estratégia de formação [10]	Um a três comunicação	Um a três comunicação
Algoritmo de arrastamento de cantos	Comunicação um a um	Comunicação um a um

Tabela 3.5: Comunicação no robô

3.7.2 Evasão múltipla

Esta simulação trata da experiência de caça a vários fugitivos. Nesta experiência, considerámos um caso em que dois fugitivos são apanhados por quatro robôs num determinado ambiente com alguns obstáculos. Os dois robôs formam uma equipa para apanhar um dos fugitivos e a outra equipa de robôs apanha o outro fugitivo. Os robôs mais próximos dos fugitivos formam as equipas. Os robôs arrastam o evadido para um canto e apanham-no. A área de caça é idêntica à utilizada em [10], como mostra a Figura 3.5.

3.7.3 Falha do robô

Esta simulação ajuda a testar o aspeto da robustez num sistema multi-robô. A abordagem proposta simula a falha de alguns robots. O motivo da falha dos robôs pode ser uma falha física dos sensores ou do sistema de alimentação ou uma falha de comunicação. Há duas fases em que pode ocorrer uma avaria do robô.

Uma é a fase de maturidade e a outra é a fase infantil. A fase de maturidade é aquela em que os robôs se encontram na fase de perseguição ou captura e a fase infantil é aquela em que os robôs se encontram na fase de procura. Considerámos o caso em que o robô falha na fase de maturidade porque

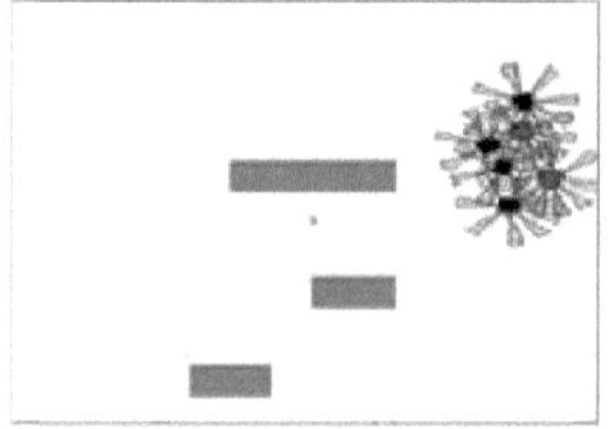 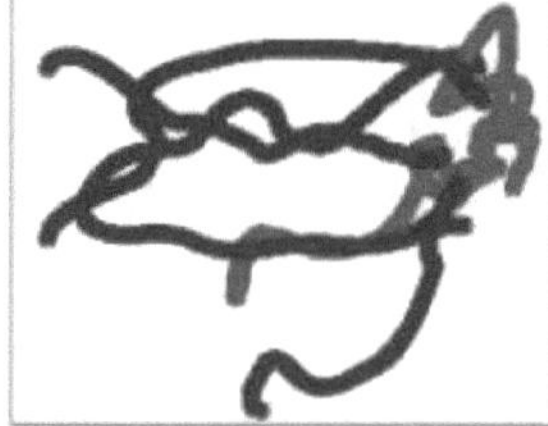

(a) Posições finais dos evadidos e dos robôs (b) Trajectórias finais dos robôs e dos evadidos

Figura 3.5: Caça a vários evadidos através do simulador

Aqui, os robôs cooperam e formam uma equipa. De seguida, apanhamos o fugitivo com os restantes robôs, como mostra a Figura 3.6. O robô no canto inferior direito falhou aos 12,19 segundos, após o que outro robô se juntou à equipa para completar a tarefa de caça.

A fim de testar a robustez da CDA, as experiências são simuladas. Esta abordagem proposta simula quando alguns robots falham no estado de maturidade. A equipa de robôs é formada e os robôs perseguem o fugitivo. Nesta altura, se os robôs falharem, o processo de caça não deve ser afetado. Os robôs podem apanhar o fugitivo com sucesso com o número restante de robôs utilizando o algoritmo de arrastamento de canto. Como o número de recursos é reduzido no algoritmo de arrastamento de cantos, a sobrecarga de comunicação no robot mestre também é reduzida.

3.7.4 Obstáculos com formas diferentes

Para testar melhor o desempenho do algoritmo de arrastamento de cantos, simulámos uma experiência em que o ambiente tinha diferentes formas de obstáculos, como mostra a Figura 3.7. Em repouso, o ambiente é o mesmo com dois robots e um evadido. Os robôs conseguiram evitar os obstáculos de diferentes formas, arrastar o evadido e apanhá-lo no canto. A Figura 3.7 (b) e (c), tal como na Figura 3.7 (a) e (d), mostra a trajetória inicial e a trajetória final dos robôs em simultâneo.

Neste cenário de obstáculos com formas diferentes, o algoritmo de arrastamento de cantos tem um bom desempenho. A experiência é efectuada com obstáculos de formas diferentes, como o quadrado, o triângulo e o polígono. Estas formas são utilizadas no ambiente de modo a refletir os objectos do mundo real. No caso de um problema de caça na vida real, os robots podem deparar-se com qualquer tipo de obstáculo no caminho. Este pode ser um dos

que considerámos. As tabelas 3.6 e 3.7 mostram os resultados em comparação com [10].
A simulação mostra a superioridade do algoritmo de arrastamento de cantos em relação ao algoritmo de construção de alianças e formações dinâmicas [10] em termos de desempenho do hardware.

Figura 3.6: Caça de um evadido quando o robot falha num simulador

Algoritmo	Robô	Evader
Aliança dinâmica e estratégia de formação [10]	4	1
Algoritmo de arrastamento de cantos	2	1

Tabela 3.6: Recursos de hardware utilizados

(a) Posição inicial dos robôs e do evadido (b) Posição inicial no simulador

(c) Trajetória durante a captura do evadido (d) Trajectórias finais no simulador.

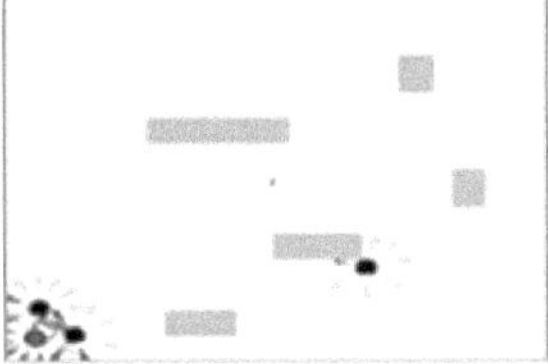

(e) Posição final dos robôs e do evadido no simulador
Figura 3.6: Caça de um evadido quando o robot falha num simulador

fontes utilizadas, tempo e despesas gerais relacionadas com cada robot.
A tarefa de caça foi inicialmente avaliada com dois robôs activos e um evadido no campo de caça do modelo de simulação SimIam. Como se pode ver na Figura 3.3, a tarefa de caça é efectuada num ambiente fechado, cheio de barreiras de obstáculos. Mas a localização

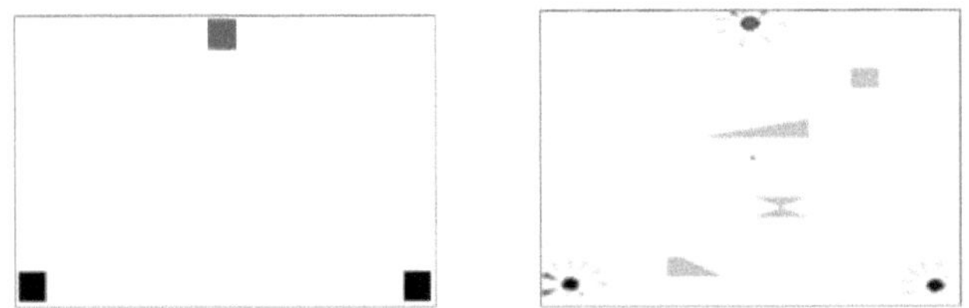

(a) Posição inicial dos robôs e do evadido (b) Posição inicial no simulador

 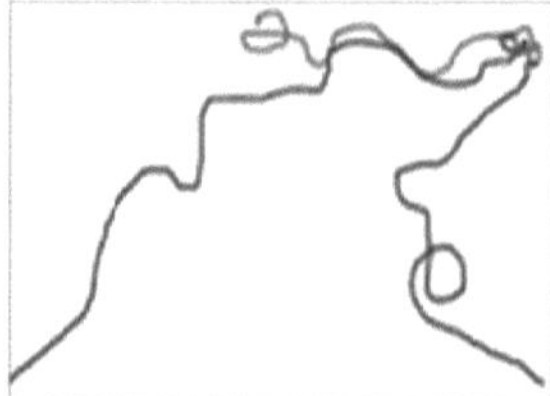

(c) Posição final do robô e do evadido (d) Trajectórias finais no simulador.

Figura 3.7: Caça de um evadido com múltiplas formas de obstáculos num simulador

Figura 3.7: Caça a um evadido com várias formas de obstáculos num simulador

Algoritmo	Procura para tempo	Tempo para prosseguir	Tempo para apanhar
Aliança dinâmica e estratégia de formação [10]	18	34	5
Algoritmo de arrastamento de cantos	13,259 seg	4.211	2,5 seg

Tabela 3.7: Tempo necessário para a tarefa de caça

A localização do evadido não é conhecida pelos robots à primeira vista. A localização do evadido é dinâmica e tem um movimento irregular. Para ultrapassar a inteligência e a estratégia de fuga do evadido, a tarefa de caça com vários robots é a melhor forma. Os robôs formam um grupo e cooperam entre si para apanhar o fugitivo, tal como descrito neste capítulo.

3.7.5 Caça ao sistema com todos os robôs utilizando o limite de obstáculos

ary

Mesmo que os robôs no terreno não falhem, há uma oportunidade de apanhar o evadido, por exemplo, com a presença de um obstáculo. Se todos os robots conduzirem o evadido em direção ao obstáculo e todos os robots ($N-i$) estiverem dispostos de forma a que o evadido não possa

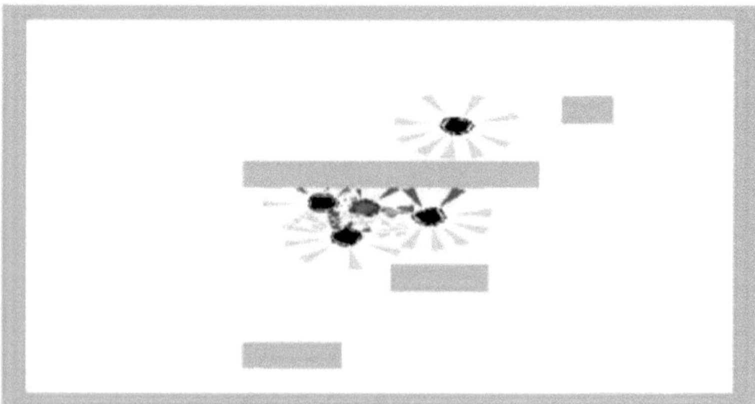

Figura 3.8: Apanhar o evadido com $N - i$ robots

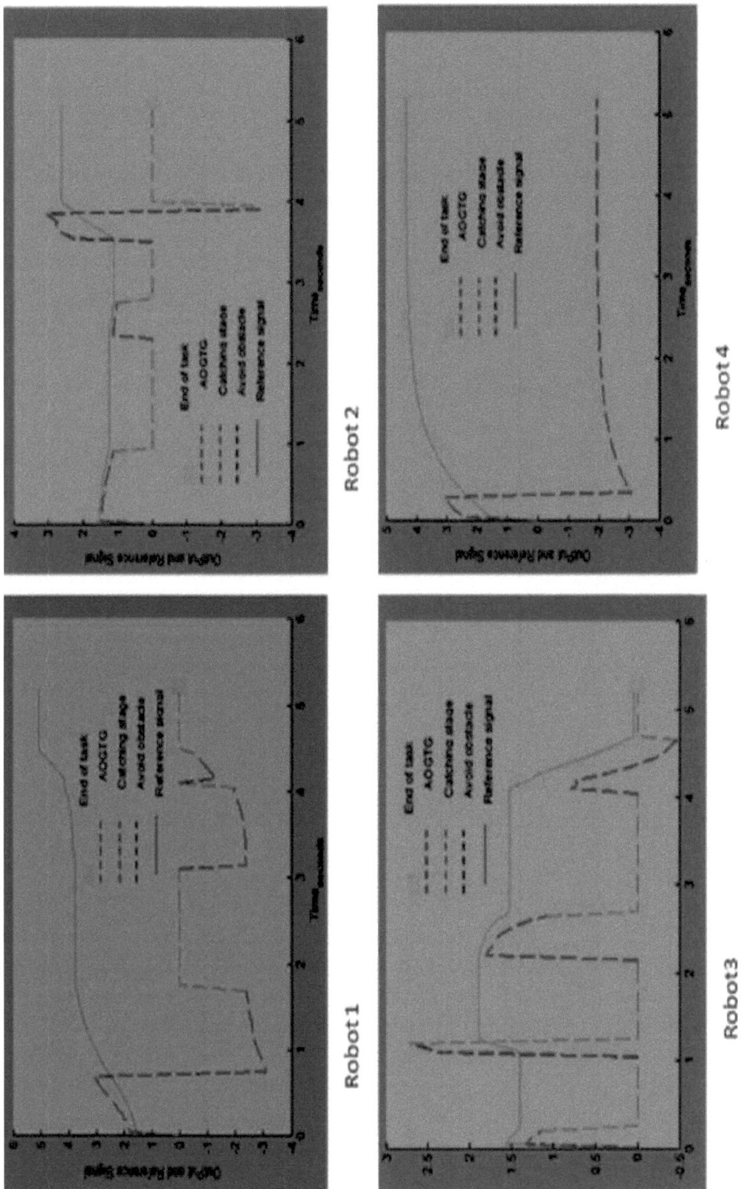

Figura 3.9: A simulação da tarefa de caça da figura 3.8, capturando um evadido com três robots.

se deslocar para qualquer lado em vez de girar na mesma posição, o evasor pode ser apanhado como descrito nas equações 3.4 e 3.5.

Como se pode ver na Figura 3.8, o evadido está limitado por três robots e pelo obstáculo. Não há espaço para outros robots se juntarem ao grupo, nem mesmo para os aliados. Os três robôs e os obstáculos estão dentro do alcance máximo de fuga do fugitivo. A tarefa de caça termina sem a necessidade de outros robots que ainda restam. O robô com o número mínimo de passos em relação ao evadido é considerado o comandante temporário (TMC). O TMC envia as posições do evadido para os outros robots e todos os robots começam a perseguir o evadido e as situações de captura do evadido são satisfeitas.

Como se pode ver na Figura 3.9, o resultado da simulação dos robôs mostra que o Robô 3 é selecionado como comandante temporário. O robô 3 chega cedo à fase de captura, tal como indicado na figura pela linha verde a tracejado. Os robôs passam por diferentes fases de evitar obstáculos e evitar obstáculos e ir para o objetivo (AOGTG), mas continuam a estar dentro do limite $máximo_{range}$ da capacidade de cada robô. Finalmente, três destes robôs apanham o evadido a 5,567 ticks de simulação, como se pode ver acima. No entanto, o quarto robô não atinge a fase de captura.

3.8 Resumo do capítulo

Este capítulo estudou em pormenor um problema de caça com vários robôs. A investigação proposta tenta completar a tarefa de caça com um número reduzido de robôs móveis. Os robôs comunicam e coordenam-se entre si para apanhar o fugitivo e completam com sucesso a tarefa de caça. A tarefa de caça envolveu algumas outras subtarefas, como evitar e detetar colisões, ir para o objetivo, atribuir tarefas, evitar obstáculos, etc. Todas estas tarefas funcionam em paralelo, uma vez que existem vários robots e diferentes robots podem enfrentar situações diferentes ao mesmo tempo. O sistema multi-robô trabalha de forma cooperativa para realizar a tarefa.

A tarefa de caça tem um campo de interesse com vários robots móveis, evasores móveis e obstáculos de diferentes formas. A tarefa de caça é completada em três fases. As fases de procura, perseguição e captura. A explicação pormenorizada destas fases é descrita no capítulo. Além disso, numa das secções, é apresentado um diagrama de fluxo que representa o modelo. É explicado o algoritmo de arrastamento de cantos que fornece a solução estratégica para o sistema multi-robô. Este algoritmo ajuda a arrastar o evadido para o canto mais próximo e a apanhá-lo.

Além disso, os resultados da experimentação no simulador SimIam são apresentados com diferentes tipos de casos. Os resultados da simulação mostram que a abordagem proposta funciona melhor com um menor número de robôs, minimizando assim os recursos de hardware, reduzindo a carga de comunicação no robô mestre e o tempo de caça. Tentámos cobrir muitas experiências de simulação que se enquadram em diferentes categorias. A abordagem proposta é suficientemente flexível para resolver os problemas, mesmo quando os obstáculos têm formas diferentes. Estes resultados mostram o bom funcionamento dos algoritmos no simulador. A última secção compara os resultados do sistema existente com os do sistema tradicional e constata a melhoria dos resultados. Existem algumas limitações nesta abordagem de arrastamento no canto, uma vez que esta abordagem utiliza uma estratégia simples de arrastamento dos evadidos no canto e ocorre a colisão dos robots. Esta abordagem não utiliza qualquer solução baseada em redes neuronais. Por conseguinte, não se trata de uma solução prática e esta limitação é abordada no capítulo 4.

Capítulo 4

UM SISTEMA DE CAÇA ADAPTATIVO UTILIZANDO O MODELO DE MANOBRAS

O terceiro capítulo descreve em pormenor o problema da caça com vários robôs. O principal objetivo da tese proposta é desenvolver uma base teórica e prática para melhorar o desempenho de sistemas multi-robôs para um problema de caça utilizando uma abordagem baseada em redes neuronais bio-inspiradas. Este capítulo introduz a base matemática da tarefa de caça e apresenta a solução eficiente para resolver o problema da caça aos evasores. Posteriormente, é apresentada uma implementação detalhada baseada na atividade neural dos neurónios e na experimentação de diferentes casos em MATLAB. Por fim, é apresentada uma breve discussão sobre a análise comparativa com a abordagem tradicional para mostrar a eficácia do modelo de manobras modificado.

4.1Introdução

Neste capítulo, aborda-se o problema da caça em multi-robôs utilizando uma abordagem baseada em redes neuronais bio-inspiradas. Para caçar os evasores, os robôs formam uma equipa. Para formar uma equipa de robôs, é necessário que os robôs reconheçam os membros da sua equipa, bem como os outros membros da equipa, tendo em conta as suas posições e capacidades actuais para capturar eficazmente os evadidos estacionários ou em movimento através da abordagem de planeamento cooperativo do caminho. O principal desafio consiste em conceber um sistema cooperativo de caça a fugitivos com vários robôs que seja eficaz e tenha uma coordenação adaptativa de vários robôs móveis autónomos com menos atrasos e sobrecarga de comunicação.

Recentemente, os autores Jianjun Ni et al. introduziram uma abordagem integrada para a caça cooperativa baseada em multi-robots utilizando o algoritmo de Rede Neural Bio-Inspirada (BNN) em [10]. O método BNN para a caça cooperativa em tempo real por multi-robots considera que as posições dos evasores são desconhecidas e que o ambiente muda frequentemente. O método BNN foi concebido para lidar com a dinâmica da rede. A abordagem integrada baseia-se na equação de manobras. O autor alargou ainda mais o trabalho baseado na BNN a diferentes condições e situações.

O problema da caça atraiu recentemente uma atenção significativa para lidar com condições de rede complexas e dinâmicas [10]. A conceção de um sistema de caça baseado em multi-robôs é um desafio, uma vez que tem de resolver os vários problemas durante a execução da tarefa de caça. Os alvos ou evasores podem ter alguma auto-inteligência, o que significa que os seus movimentos são completamente desconhecidos e aleatórios. Os evadidos mudam de posição ao detetar os robôs próximos e tentam escapar dos robôs evitando obstáculos. Os robôs avançam para os evasores em equipa, formando uma aliança para os apanhar, evitando os obstáculos.

No entanto, o método BNN tem alguns problemas de investigação, como por exemplo, o facto de o BNN não resolver as situações em que existem obstáculos com dimensões superiores ao alcance de deteção dos sensores. Se os obstáculos de grandes dimensões se interpuserem entre o robot e o evadido, a informação sobre a localização atual do evadido pode perder-se. Isto leva a um problema de caça repetida e o robot tem de recomeçar o processo de procura. Por conseguinte, este método não utiliza a informação do evadido de forma eficiente, o que conduz a uma sobrecarga de comunicação e a atrasos adicionais.

Neste capítulo, abordamos o problema da caça cooperativa de múltiplos evasores por vários robots em condições de rede dinâmicas e desconhecidas.

As principais contribuições deste trabalho são:

• O primeiro objetivo deste capítulo é conceber um algoritmo eficaz de caça cooperativa por multi-robôs, tendo em conta os ambientes e as aplicações em tempo real.

• O segundo objetivo é otimizar o algoritmo de caça cooperativa em relação a obstáculos de grandes dimensões e a capacidades de deteção eficazes para ambientes dinâmicos.

• A abordagem BNN existente é modificada através da introdução de robôs implícitos, a fim de orientar com precisão o caminho para apanhar os evasores dinâmicos inacessíveis, evitando os obstáculos de grandes dimensões.

• Isto baseia-se principalmente nas propriedades em que o processo de perseguição pode mudar de forma adaptativa e o movimento do robot pode ser guiado em tempo real, a fim de não só perseguir o alvo de forma cooperativa, mas também mais rapidamente em comparação com trabalhos anteriores.

O resto do capítulo está organizado da seguinte forma: A Secção 4.2 define o problema para um sistema de caça multi-robô e discute os desafios durante a execução da tarefa de caça. A Secção 4.3 descreve a abordagem proposta para resolver o problema de caça definido. A secção 4.4 descreve a implementação detalhada do processo de caça utilizando uma abordagem de rede neural bio-inspirada adaptável. A secção 4.5 apresenta as experiências e a análise dos resultados e a secção 4.6 apresenta o resumo do capítulo.

4.2 Definição do problema

Esta secção começa por analisar o enunciado pormenorizado do problema e, em seguida, discute os desafios do sistema.

4.2.1 Declaração do problema

O problema da caça por vários robôs é descrito em pormenor nesta secção. A tarefa de caça é efectuada num ambiente desconhecido e dinâmico. Como descrito no capítulo 3, as tarefas de caça começam com a procura do evadido, seguida da perseguição e, finalmente, da captura do evadido. Os robôs formam uma equipa quando o evadido é procurado.

Os robôs são representados por uma equipa que é constituída por um conjunto de robôs como r_i, $i = 1,2, ,n$. Os evadidos são representados por e_j, $j = 1,2, ..., m$. Os nós dos robôs estão equipados com uma antena omnidirecional com capacidade visual de $360^\wedge$, bem como de coordenação com outros robôs. A cooperação entre robôs é efectuada através do reconhecimento mútuo e da deteção de fugitivos. Além disso, supõe-se que os evadidos têm as mesmas capacidades de processamento que os robôs, exceto as capacidades de cooperação e comunicação. No entanto, os evadidos são construídos de forma auto-inteligente para que possam escapar facilmente à captura sempre que sentirem a presença de robôs na sua proximidade, tal como referido em [10].

A tarefa de caça começa com a procura do fugitivo. Os robots começam a mover-se aleatoriamente no espaço livre. Quando um robô encontra o fugitivo, torna-se o comandante temporário. O comandante temporário envia uma mensagem a todos os outros robots sobre a localização do evadido, calculando a distância. Todos os robots vão em direção ao evadido, formando uma aliança. Durante a formação da aliança, os robots utilizam o algoritmo BNN. Trata-se de um tipo de técnica de planeamento da trajetória dos robôs, em que estes cooperam para alcançar o evadido num ambiente desconhecido.

A abordagem baseada numa rede neural de inspiração biológica é utilizada para realizar a tarefa de caça. Com base na atividade neural, é decidida a posição seguinte do robot. Os valores da atividade neural são obtidos a partir da equação de manobras. Esta equação é explicada na secção seguinte. O método BNN utilizado sofre de problemas de caça repetida em condições de rede inacessível devido a obstáculos de grandes dimensões e à utilização ineficaz da informação sobre os nós conhecidos. Assim, o número de passos necessários para perseguir e apanhar os evasores de forma dinâmica utilizando a BNN é maior.

4.2.2 Desafios

Existem alguns desafios de investigação associados ao processo de caça cooperativa em tempo real, tais como

Realização eficaz da caça cooperativa na presença de um ou mais evasores.

Caça eficaz aos evasores com um menor número de passos e de encargos.

Detetar os evasores e os obstáculos e impedir ou evitar colisões.

4.3 Metodologia proposta

Para caçar os evadidos, os nós dos robôs devem reconhecer os outros membros da equipa e considerar as suas posições e capacidades actuais para apanhar os evadidos estacionários ou em movimento de forma eficaz através da abordagem de planeamento do caminho cooperativo. O principal desafio consiste em conceber um sistema cooperativo de caça a evasores multi-robô que seja eficaz e tenha uma coordenação adaptativa de vários robôs móveis autónomos com menos atrasos e sobrecarga de comunicação.

Recentemente [10], foi introduzida uma abordagem integrada para a caça cooperativa baseada em vários robots, utilizando o algoritmo de rede neural biologicamente inspirada (BNN). Esta abordagem de planeamento de trajectórias também resolveu o problema básico de procurar os adversários, detetar e evitar colisões. No entanto, este método sofre do problema da caça repetida em condições de rede inacessível devido a obstáculos de grandes dimensões e à utilização ineficaz da informação sobre os nós conhecidos. Por conseguinte, o número total de passos necessários para perseguir e apanhar os evasores de forma dinâmica utilizando este método é superior.

Este capítulo apresenta uma abordagem adaptativa para a caça cooperativa baseada em multi-robôs. Nesta secção, começamos por discutir o problema fundamental da caça com vários robôs. Assume-se que o sistema é um grupo de robôs colectivos, evasores e obstáculos. Os robots não têm conhecimento do ambiente nem das posições dos evadidos. No entanto, os robôs só têm conhecimento do número total de fugitivos a apanhar. O problema da caça multi-robô é abordado neste capítulo com a caça cooperativa em tempo real utilizando a BNN dinâmica. No capítulo anterior, discutimos as bandeiras, o processo de caça e outras informações.

Neste capítulo, para atenuar o problema da caça repetida e da captura ineficaz de todos os evadidos na rede, propusemos o algoritmo BNN Adaptativo (ABNN), redesenhando a equação de derivação BNN com capacidade de caça adaptativa de todos os evadidos na rede. Isto pode ser feito por um robô implícito, que é utilizado para prever o caminho seguinte para apanhar os evadidos de forma eficiente por robôs reais. A utilização de um robô implícito ajuda a evitar de forma adaptativa os obstáculos de grandes dimensões e a utilizar eficazmente a informação para apanhar os evadidos. A abordagem proposta funciona bem em diferentes condições de rede.

O verdadeiro problema das BNN dinâmicas existentes é a informação sobre a posição dos evasores, que não pode ser utilizada pelas BNN devido ao raio de deteção limitado dos robots. Além disso, os robots desconhecem todo o ambiente. Isto resultou no aumento do número de passos para perseguir e encontrar, de modo a apanhar os evadidos na presença de obstáculos de diferentes dimensões. Devido aos obstáculos de grandes dimensões, os robôs não conseguem detetar a direção adequada (uma vez que o alcance de deteção dos robôs está bloqueado por grandes obstáculos) para a qual a tarefa de procura deve ser executada. Este é, portanto, um problema real associado à BNN dinâmica existente.

4.3.1 Modelo

Quando o evadido é procurado e todos os robôs conhecem a posição atual do evadido, inicia-se a formação da aliança. A utilização de uma rede neuronal de inspiração biológica ajuda o robô na formação da aliança. A dinâmica dos neurónios da rede neuronal é caracterizada pela equação de derivação. Esta equação é a equação aditiva inspirada biologicamente no cérebro humano. Esta rede só tem ligações laterais entre os neurónios. O valor de entrada da posição dos evadidos é continuamente fornecido aos robots. A localização seguinte do robô é decidida com base na atividade da rede neural em tempo real.

O modelo de computação inspirado no cérebro humano utiliza elementos de circuito elétrico num pedaço de membrana, proposto pelos autores Hodgkin e Huxley no artigo [**?**]. No modelo de membrana, a dinâmica da tensão através da membrana é descrita usando a seguinte equação:

$$C_m \frac{dV_m}{dt} = -(E_p + V_m)g_p + (E_{Na} - V_m)g_{Na} - (E_k + V_m)g_k \qquad (4.1)$$

em que a capacitância da membrana é C_m. E_k, E_{Na} e E_k são os potenciais de saturação dos iões de potássio, dos iões de sódio e da corrente de fuga passiva na membrana, respetivamente. g_k, g_{Na} e g_p representam a condutância dos canais de potássio, de sódio e passivos, respetivamente. Este modelo é a base do modelo de derivação.

Aqui na equação acima, substituímos o valor de $C_m = 1$, $x_i = E_p + V_m$, $A = g_p$, $B = E_{Na} + E_p$, $D = E_K - E_p$, $S_i^+ = g_{Na}$ e $S_i^- = g_k$. A equação de derivação é formada pela substituição destes valores.

$$\frac{dx_i}{dt} = -Ax_i + (B - x_i)S_i^+ - (D + x_i)S_i^- \qquad (4.2)$$

Onde x_i na equação é a atividade neural do *i-ésimo* neurónio. A, B e D são as constantes positivas que representam a taxa de decaimento passivo, o limite superior e o limite inferior da atividade neural, respetivamente [10]. Na equação, S_i^+ e S_i^- são as entradas para o neurónio designadas por entradas excitatórias e inibitórias para o neurónio.

Este modelo de manobras pode ser utilizado em aplicações em que o comportamento adaptativo dos indivíduos é complexo e dinâmico. Na tarefa de cooperação em tempo real, os robots formam uma aliança. O movimento dos robôs é guiado pelos valores de atividade neural do modelo de rede neural. O ambiente em que a tarefa de caça é executada é denotado por W, que é conhecido como espaço de trabalho na tarefa de caça para cada robô caçar para a equipa T.

No modelo proposto, a entrada inibitória S_i^- é o valor recebido dos obstáculos. A entrada excitatória S_i^+ resulta do valor recebido do evadido e dos seus neurónios vizinhos. Assim, a dinâmica do *i-ésimo* neurónio é representada pelo modelo de derivação na seguinte equação:

$$\frac{dx_i}{dt} = -Ax_i + (B - x_i)([I_i^e]^+ + \sum_{j=1}^{k} w_{ij}[x_j]^+) + -(D + x_i)[I_i^o]^- \qquad (4.3)$$

Onde k é o número de ligações neuronais do i-ésimo neurónio com os neurónios vizinhos no campo de interesse.

4.4Implementação

A implementação é baseada na linguagem de programação MATLAB. Para resolver o problema da caça repetida e para realizar o processo de caça de forma adaptativa e mais rápida, introduzimos o conceito de robô implícito na BNN existente. Para implementar o conceito proposto, começamos por elaborar o modelo BNN para o processo de caça cooperativa em tempo real e, em seguida, introduzimos os critérios de seleção de robôs implícitos.

4.4.1 Processo de caça

O algoritmo de caça baseia-se na definição de alguns sinais iniciais tanto para os robots como para os evasores na rede:

$$Stat(r^j) = S^r \mid S^r \in 0, 1, 2, 3 \qquad (4.4)$$

O estado de cada robô é um dos quatro estados seguintes: 0 (o robô está avariado), 1 (o robô está a procurar), 2 (o robô está a andar, ou seja, a perseguir) e 3 (o robô está a apanhar um fugitivo). Do mesmo modo, as bandeiras dos evasores mudam em conformidade com o seu estado de ação atual.

$$Stat(e^j) = S^e \mid S^e \in 0, 1, 2 \qquad (4.5)$$

O estado de cada evadido é um dos três estados seguintes: 0 (o evadido ainda é desconhecido), 1 (o evadido é conhecido) e 2 (o evadido foi apanhado). O Algoritmo 1 mostra o algoritmo de caça proposto para robots utilizando o método BNN adaptativo.

Entradas:

T; equipa de robôs a caçar e; número de evasores

A; área de pesquisa

$S = 0$; equipa de busca do robot

$s_i = 0$; lista de robôs implícitos e de robôs reais

$E = 0$; lista de evasores a apanhar

1. Verificar o estado de cada robô da equipa de robôs e procurar os evasores $s_r = size(T)$

for $i = 1$: s_r // para cada robô da equipa

se$(T(i)! = 0$ && $T(i)! = 3)$

$S = S + T(i)$ // adicionar à lista fim fim

2. Selecionar os robôs implícitos para os robôs selecionados para os evasores de busca

$s_r = tamanho(S)$

for $i = 1$: s_r // para cada robô selecionado na equipa

$i = algoritmo2(S(i))$

$s_i = s_i + i$ // adicionar à lista fim fim

3. Ordenar a lista selecionada por ordem crescente

$s_i = sort(s_i, 'asc')$

4. Perseguir o Estado e apanhar o Estado

for $i = 1$: s_r // para cada robô selecionado na equipa

if ($s_i(i)$ == 2) // se o robô estiver no estado de procura

e_o = $pursue(s_i(i), e)$ // Robô que persegue o evadido atual marcado como evadido antigo

if (dist($s_i(i)$, e_o) - dist($s_i(i)$, e_n) <= 0 // encontrou um novo evasor

s_i = s_i - $s_i(i)$ // remover o robot atual da lista end end end

5.   Estado de busca e perseguição

for i = 1:s_r // para cada robô selecionado na equipa

se ($s_i(i)$ == 1) // ($s_i(i)$, $E(j)$) // $s_i(i)$ = 2 // definir o estado como prosseguindo fim

fim

6.   Verificar se o evasor foi apanhado

s_e = $tamanho(E)$

for i = 1:Se // para cada evasor

se ($E(i)$ == 2)

O evasor foi apanhado com êxito

senão

repetir os passos (4) e (5)

fim fim

Tabela 4.1: Algoritmo para a tarefa de caça

4.4.2 Modelo ABNN adaptativo

Nesta secção, apresentamos o modelo ABNN em que o robô é considerado a parte principal. Com a dinâmica do robô, modificámos a rede neural para enfrentar os desafios associados ao modelo BNN existente. O tamanho do modelo BNN é definido como o raio máximo de deteção R de cada robô. A distância do modelo BNN ao neurónio na localização do robô é representada através de uma restrição:

$$0 <= dist(P_i, P_j) <= R \qquad (4.6)$$

Onde, a distância entre dois neurónios ou posição é calculada como:

$$dist(P_i, P_j) = \sqrt{(x_i - x_j)^2 + (y_i - y_j)^2} \qquad (4.7)$$

em que (x_i, y_i) e (x_j, y_j) são as informações da *i-ésima* e da j-ésima célula do sistema de grelha, respetivamente.

4.4.3 Abordagem do problema da caça repetida

Para resolver o problema da caça repetida, o capítulo introduz um novo conceito de utilização de um robô implícito. O robô implícito é utilizado principalmente porque o robô deve ser guiado rapidamente para apanhar os fugitivos em movimento, evitando automaticamente os grandes obstáculos. Como existe uma equipa de robôs, cada robô está equipado com a funcionalidade de robô implícito. Assim, qualquer robô com robô implícito pode levar a uma descoberta rápida do evasor e pode informar os outros robôs. A utilização do robô implícito pode ser fiável se a rede for mais dinâmica e complexa. Por isso, estamos a modificar o modelo BNN existente de modo a realizar a tarefa de caça de forma mais eficiente e adaptável na presença de obstáculos de grandes dimensões. A modificação baseia-se principalmente na utilização da funcionalidade de robô implícito na BNN dinâmica para apanhar os fugitivos. A seleção do robô implícito é feita com base nas seguintes regras

1.   No momento da implantação da rede, o robô implícito (r_i) deve implantar-se sobre o limite da BNN.

2.   O r_i deve ser acessível pelos nós dos robôs e deve ajudar os outros robôs a aproximarem-se dos evasores.

3.   Não deve haver qualquer obstáculo entre o_{ri} e o robot real.

Em geral, a seleção do robô implícito é realizada por:

$$P^{ri} = dist(P^n, P^e) <= dist(P^k, P^e), P^k \in GN \qquad (4.8)$$

em que P^{ri} e P^e representam a localização das células do robot implícito e do evadido, respetivamente. P^n representa a célula mais próxima de um evadido e P^k representa qualquer célula da rede em grelha. GN representa a rede de grelha bidimensional que contém as informações sobre a atribuição de células. O valor 0 em qualquer localização de célula significa que a célula está livre e 1 significa que está ocupada por um obstáculo. A equação (4.5) extrai a posição do robô implícito em relação ao evadido para o apanhar. O algoritmo 2 apresenta o processo de seleção do robô implícito.

Entrada:

GN; // rede de células de grelha 2D baseada em BNN r^n; // número de robôs apanhadores e^m; // número de evasores

R; // alcance de deteção do robot

Saída:

P^{ri}; // posição selecionada para o robô implícito

1.   Extrair a posição inicial de cada robot

para $i = 1 : n$

$P^i = [x^i, y^{ri}]$ fim

2.   Extrair a área inicial de cada evasor

para $j = 1 : m$

$Pe^j = [xr^j, yr^j]$ Fim

3.   Calcular a distância entre cada par de robôs e evadidos

$Dre^{ij} = dist(Pe^j, Pr^i)$ por equação

4. $ifR >= Dre^{ij}$ Pr^i = atribuir (Pe^j) //atribuir ao robot virtual a posição da célula da grelha de evacuação. return (Pr^i) else

$Tr^{ij} = R + Dre^{ij}$ // calcular o limiar de distância para cada par robô-aviador

$Pn^i = rand(GN)$ // extrair a posição da célula próxima aleatoriamente da rede de células da grelha se $(dist(Pe^j, Pn^i) < Tr^{ij})$ (if $GN(Pr^i) == 0\&\& GN(Pe^j) == 0 \&\& GN(Pn^i) == 0$) // não há obstáculo

$Tr^{ij} = dist(Pe^j, Pn^i)$ // atualizar o novo valor limiar

Pr^i = atribuir (Pn^i) //atribuir a posição da célula próxima ao robô implícito (para cada robô de captura) return(Pr^i) end if end if end if

5.   Parar

Tabela 4.2: Algoritmo para a seleção implícita de robôs

4.4.4 Equação de manobra proposta

Tal como referido em [35], os movimentos dos robôs que pertencem a uma aliança semelhante são utilizados para realizar a caça cooperativa em tempo real, tendo em conta as actividades dinâmicas da rede neuronal. O espaço do ambiente é representado numa matriz 2-D GN para cada robô da equipa. O planeamento do caminho desde a localização atual do robô até à posição implícita do robô selecionado é feito através da equação de manobras da BNN representada por

$$\frac{dx_i}{dt} = -Ax_i - (D + x_i)[I_i]^{0-}] + (B - x_i)([I_i]^{IR+} + \sum_{j=1}^{n} \omega_{i_j}[x_j]^+) \qquad (4.9)$$

Onde, x_i é a atividade neural do $i\text{-}ésimo$ neurónio; A representa a taxa passiva; B representa o

47

limite superior e D representa o limite inferior. k é o número de ligações neurais do *i-ésimo* neurónio aos seus neurónios vizinhos dentro do campo recetivo. O *wij* é o peso da ligação lateral do *i-ésimo* neurónio ao *j-ésimo* neurónio, que é uma função da distância; e $[I]_i^{IR}$ e $[I]_i^o$ nada mais são do que as entradas excitatórias e inibitórias para o neurónio atual, em que o robô implícito e os neurónios positivos circundantes são a entrada excitatória e os obstáculos significam a entrada inibitória. A função $[X]^+$ é uma função linear acima do limiar definida como $[X]^+ = \max(X, 0)$ e $[X]$ é definida como $[X]^- = \max(-X, 0)$.

Como o ambiente é dinâmico, o evadido detecta globalmente todo o espaço de estados da BNN e o obstáculo mantém sempre a atividade do neurónio correspondente num nível muito baixo. Assim, o robô real seleciona o neurónio mais próximo com uma posição seguinte eficiente em relação ao robô implícito:

$$P_n = \max(x_i, i = 1, 2, 3..., m) \qquad (4.10)$$

onde x_i é a atividade de todos os neurónios vizinhos; P_n é a posição do neurónio seguinte que tem a ativação máxima entre todos os outros neurónios. No entanto, é necessário que o número de passos para efetuar a estimativa da trajetória entre o robô real e o robô implícito e entre o robô e o evadido implique um excesso de computação na rede. Por conseguinte, para minimizar a sobrecarga de cálculo, modificámos a equação de derivação existente da seguinte forma

$$\frac{dx_i}{dt} = -Ax_i - (D + x_i)[I_i]^{o-}] + (B - x_i)(([I_i]^{e+} + \sum_j^n \omega_{i_j}[x_j]^+ + ES_i)) \qquad (4.11)$$

Onde, o ES, representa a abordagem implícita do robot que detecta os evasores o mais rapidamente possível. A função ES, é definida como:

$$ES_i = \frac{rand(1)}{\eta_i} \Delta_i \qquad (4.12)$$

Onde, $rand(1)$, gera qualquer número positivo entre 0,1 e 0,99 n, nada mais é do que a distância calculada entre o robô real Pr e o robô implícito Pr utilizando a equação (4).

Finalmente, um, é um fator importante que decide a direção do movimento de um determinado robô da sua localização atual para a localização seguinte. Este fator não é mais do que a diferença entre duas linhas representadas por um ângulo. É calculado por:

$$\Delta_i = atan2d(c(Pr^i, P^{ri})) \qquad (4.13)$$

A função *atan2d* devolve o anjo da tangente inversa de quatro quadrantes em graus para selecionar a direção do movimento. Dentro desta *função*, C é a função de produto cruzado e D é a função de produto escalar para selecionar os ângulos ideais. Estas duas funções devolvem os produtos escalares de duas localizações. Tanto quanto sabemos, esta é a primeira vez que utilizamos o cálculo de ângulos em tempo real num ambiente 2D de um problema de caça.

Com este modelo proposto, o número de passos necessários para apanhar os evasores pode ser maior, mas os passos necessários para perseguir, o passo para encontrar e o tempo total do processo de caça são minimizados. A avaliação experimental do trabalho proposto em comparação com o modelo BNN existente é apresentada na secção seguinte deste capítulo.

4.5 Experiências, resultados e análise

A análise experimental do trabalho proposto é efectuada utilizando o MATLAB. Concebemos tanto o modelo BNN existente como o modelo ABNN proposto. Para demonstrar a eficácia da abordagem proposta, nesta secção concebemos sistemas de grelha de diferentes tamanhos, desde pequenos (10x10) m^2 a grandes (30x30) m^2 com um grande obstáculo em forma de U e vários robôs e evasores. Neste capítulo, consideramos apenas esta condição de rede para avaliação. Os parâmetros de simulação para a tarefa de caça, bem como o modelo de rede neural (NNM), são apresentados na Tabela 4.3:

Parâmetro	Valor	Nota
Rs	2	Raio do sensor a bordo (m)-Caça
Rc	1	Formatar o raio do círculo (m)-Caça
Nc	4	Número de robôs para apanhar um evasor-Caça
Ve	0.25	Velocidade do evasor (m/s)-Caça
Vr	1	Velocidade do robô (m/s)-Caça
A	25	Taxa de decaimento passivo-NNM
B	1	Limite superior-NNM
D	1	Limite inferior-NNM
E	100	Grande +ve Constance-NNM

Tabela 4.3: Parâmetros de simulação

A Figura 4.1 (a), (b) e (c) representa o processamento para apanhar os evadidos em movimento por vários robôs. A figura 4.1 (a) mostra as posições iniciais de dois robots e um evadido com dois obstáculos. A figura 4.1 (b) mostra que ambos os robots iniciam a sua busca e perseguem o evadido utilizando o método proposto. Devido à inteligência do evadido, o evadido

move-se da sua posição atual de modo a escapar aos robots, como se mostra na Figura 4.1 (c).
Como a abordagem proposta foi concebida com a capacidade de lidar com a dinâmica dos
evadidos, os robôs acabam por apanhar o evadido. A Figura 4.1 (c) mostra as trajectórias
para capturar os evadidos de forma eficiente.

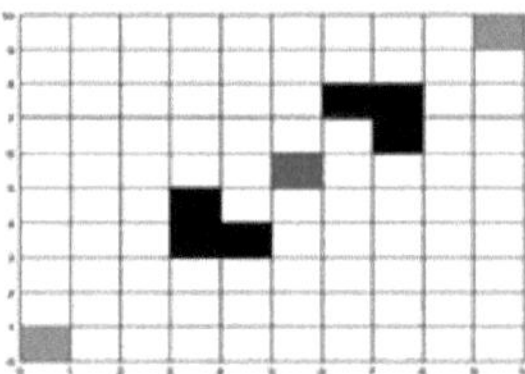
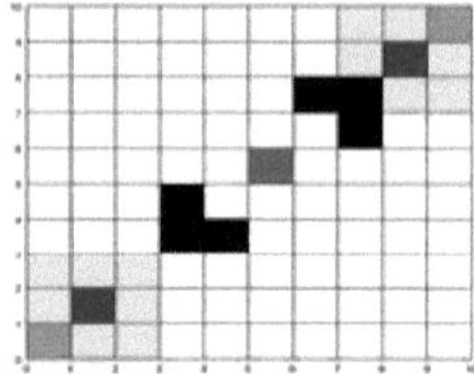

(a)Posições iniciais dos robots e do evader (b)Início do processo de caça

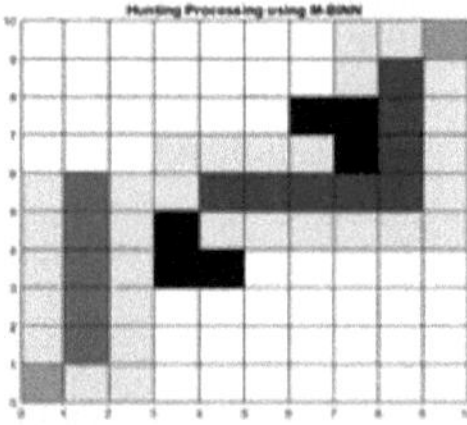

(c) Caça final ao evasor por multi-robots

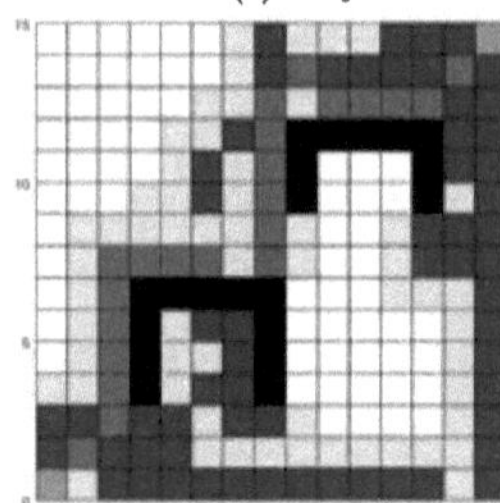
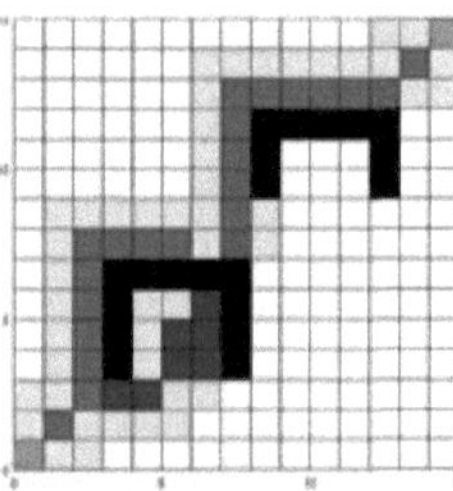

(d) O fugitivo é apanhado por robôs em obstáculos (e) O fugitivo é apanhado em obstáculos
de grandes dimensões

Figura 4.1: Caça de um evadido com robots e obstáculos

A Figura 4.1 (d) e (e) mostra a diferença entre o modelo BNN existente e o modelo ABNN
proposto para caçar os evasores num ambiente dinâmico. As células da grelha amarela
indicam as etapas de perseguição necessárias para apanhar o evadido. As células azuis da
grelha indicam as direcções de busca necessárias para apanhar o evadido. As células da
grelha magenta indicam os passos efectivos necessários para apanhar o evadido. A grelha de
cor preta representa os obstáculos. As etapas de perseguição e de busca necessárias para
apanhar o evadido no

é grande devido aos obstáculos de grandes dimensões. Os obstáculos de grandes dimensões levam ao problema da caça repetida no método existente. No entanto, no mesmo cenário, os passos são minimizados em grande medida devido à utilização de robôs implícitos para guiar a direção mais rápida para apanhar os evasores, evitando os obstáculos de forma adaptativa. O estudo comparativo entre o método existente e o método proposto é elaborado através de quatro métricas de desempenho fundamentais, tais como os passos para apanhar, os passos para perseguir, os passos para encontrar e o tempo do processo de caça. Os gráficos abaixo, para cada tamanho de rede, mostram a análise de desempenho entre os modelos BNN existentes e os modelos ABNN propostos.

A Figura 4.2 (a) representa o número total de passos necessários para apanhar o fugitivo para redes de diferentes dimensões, tais como 10x10, 15x15, 20x20, 25x25, 30x30 m^2 , utilizando os métodos BNN e ABNN. As redes são concebidas utilizando dois robots e um cenário de evasão com a presença de dois obstáculos de grandes dimensões (em forma de U). Não se observam grandes melhorias na redução de passos para apanhar o evadido para cada tamanho de rede no método proposto, em comparação com o método existente. No entanto, a Figura 4.1 (d) e (e) mostra a eficácia e a eficiência do método ABNN proposto.

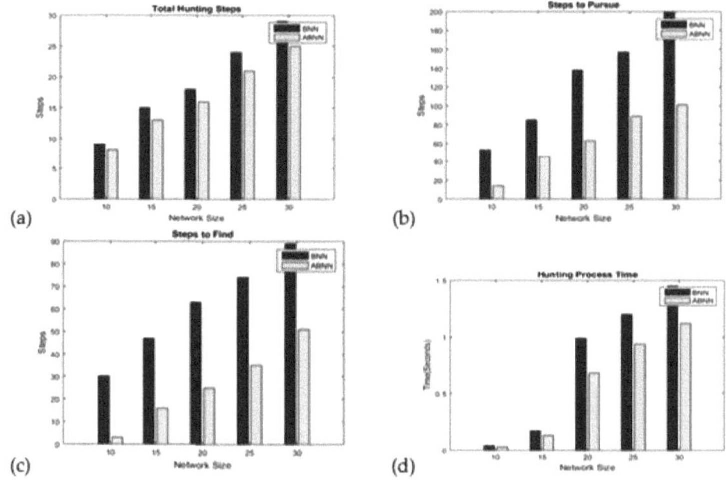

Figura 4.2: (a)Análise do desempenho do número de passos necessários para apanhar o evadido (b)Análise do desempenho do número de perseguições necessárias para apanhar o evadido (c)Análise do desempenho do número de descobertas necessárias para apanhar o evadido (d)Análise do tempo total de caça

Como se pode ver na Figura 4.2 (b) e (c), o problema da caça repetida é resolvido pela técnica ABNN a um nível ótimo. O método proposto reduziu o número total de passos para eliminar o evadido em quase 3 vezes menos do que o modelo BNN para cada tamanho de rede. Isto deve-se à utilização de um robô implícito que ajuda a orientar com precisão a direção do evadido em movimento, reduzindo assim o esforço suplementar de procurar e perseguir evadidos repetidamente.

Por último, a figura 4.2 (d) mostra a redução do tempo de caça ao evasor. Se o número de passos necessários para perseguir e encontrar os evadidos for menor, então o tempo total de caça também é reduzido. O modelo ABNN proposto superou o modelo BNN existente para cada cenário de tamanho de rede nas circunstâncias selecionadas.

4.6 Resumo

Neste capítulo, apresentámos o método de caça cooperativa utilizando um sistema multi-robô para um nível elevado de dinâmica do sistema. Propusemos o modelo BNN adaptativo com base no modelo BNN existente. Modificámos o modelo BNN existente para resolver os problemas de tarefas repetidas de perseguição e procura, a fim de capturar os vários fugitivos devido à presença de obstáculos de grandes dimensões e ao alcance de deteção limitado dos robôs. Para tal, modificamos a equação de derivação para otimizar o desempenho da captura de fugitivos através da função de atualização dos neurónios. Os resultados da simulação para diferentes tipos de redes demonstram a eficácia e a eficiência do trabalho proposto em termos de esforço computacional e de passos necessários. Para trabalhos futuros, será interessante utilizar as técnicas de otimização para otimizar ainda mais o desempenho do modelo BNN atual, de modo a selecionar a função do neurónio seguinte.

Referências

[1] S. Opfer, H. Skubch e K. Geihs, "Planeamento cooperativo de trajectórias para sistemas multi-robot em domínios dinâmicos". INTECH Open Access Publisher, 2011.

[2] A. Farinelli, L. Iocchi, e D. Nardi, "Multirobot systems: a classification focused on coordination," IEEE Transaction on Systems Man and Cybernetics, Part B vol. 34, no. 5, pp. 2015-2028, 2004.

[3] I. Skrjanc e G. Klancar, "Cooperative collision avoidance between multiple robots based on bezier curves," 29th International Conference on Information Technology Interfaces, 2007, pp. 451-456.

[4] Cyril Robin, Simon Lacroix, "Taxonomy on Multi-robot Target Detection and Tracking", Multi-Agent Coordination in Robotic 2015.

[5] V. Odakura e A. H. R. Costa, "Cooperative multi-robot localization: using communication to reduce localization error.", em ICINCO, 2005, pp. 88-93.

[6] S. Sariel, T. Balch, e N. Erdogan, "Navalmine countermeasure missions," IEEE Robot Automation Magazine vol. 15, no. 1, pp. 45-52, 2008.

[7] R. Reeve e J. Hallam, "An analysis of neural models for walking control," IEEE Transaction on Neural Networks, vol. 16, no. 3, pp. 733-742, 2005.

[8] R. A. Brooks, "Interaction and intelligent behavior", Instituto de Tecnologia de Massachusetts, 1994.

[9] M. Ahmadi e P. Stone, "A multi-robot system for continuous area sweeping tasks", International Conference on Robotics and Automation, 2006, pp. 1724-1729.

[10] J. Ni e S. X. Yang, "Bioinspired neural network for real-time cooperative hunting by multirobots in unknown environments," IEEE Transaction on Neural Networks, vol. 22, no. 12, pp. 2062-2077, 2011.

[11] P. Agrawal e H. Agrawal, "A Review on Multi Robot Cooperation using Bio Inspired Neural Networks", Int. Journal of Soft Computing Math. Control IJSCMC, vol. 2, no. 4, pp. 15-24, Nov. 2013.

[12] X.-S. Yang, "Firefly algorithms for multimodal optimization," Foundations and applications in Stochastic algorithms: Springer, 2009, pp. 169-178.

[13] X.-S. Yang, "A new meta heuristic bat-inspired algorithm," in Nature inspired cooperative strategies for optimization (NICSO 2010), Springer, pp. 65-74.

[14] Z Wang, L Qin, W. Yang, "A self-organising cooperative hunting by robotic swarm based on particle swarm optimisation localisation, International Journal of BioInspired Compuation, 2015 - inderscienceonline.com.

[15] Shuai Zhou, GuangmingXiong, Yong Li e Xiaoyun Li, "An Improved Ant Colony Optimization for the Multi Robot Path Planning with Timeliness", International Journal of Smart Home Vol.8, No.2 (2014), pp.201-210.

[16] P. Bhattacharajee, Rakshit, Goswami e I. Konar, "Multi-robot path-planning using artificial bee colony optimization algorithm" (Planeamento de percursos de vários robôs utilizando o algoritmo de otimização de colónias de abelhas artificiais), Conferência do IEEE sobre Natureza e computação de inspiração biológica, 2011, pp 219-224.

[17] M. Xu, Z. Pan, H. Lu, Y. Ye, P. Lv, e A. E. Rhalibi, "Moving target pursuit algorithm using improved tracking strategy," IEEE Trans. Comput. Intell. AI Games, vol. 2, no. 1, pp. 27-39, Mar. 2010.

[18] G. A. Kaminka, D. Erusalimchik, e S. Kraus, "Adaptive multi-robot coordination: A game-theoretic perspective," IEEE International Conference on Robotics and Automation

(ICRA), 2010, pp. 328-334.

[19] A. Arsie, K. Savla, e E. Frazzoli, "Efficient routing algorithms for multiple vehicles with no explicit communications," IEEE Transaction on Autom. Control, vol. 54, no. 10, pp. 2302-2317, 2009.

[20] A. Ulusoy, S. L. Smith, X. C. Ding, e C. Belta, "Robust multi-robot optimal path planning with temporal logic constraints," IEEE International Conference on Robotics and Automation (ICRA), 2012, pp. 4693-4698.

[21] K. Benbouabdallah e Z. Qi-dan, "Um controlador de arquitetura comportamental de lógica difusa para o planeamento da trajetória de um robô móvel num ambiente com vários obstáculos", Res. J. Appl. Sci. Eng. Technol., vol. 5, n.º 14, pp. 3835-42, 2013.

[22] P. Abichandani, H. Y. Benson e M. Kam, "Conectividade de comunicação robusta para coordenação de trajectos de vários robôs utilizando programação não linear inteira mista: Formulação e análise de viabilidade," IEEE International Conference on Robotics and Automation (ICRA), 2013, pp. 3600-3605.

[23] P. Nattharith, "Behaviour Modulation using Fuzzy Logic Control for Mobile Robot Navigation", na 3.ª Conferência Internacional da CUTSE, Miri, Sarawak, Malásia, 2011.

[24] J. T. Feddema, C. Lewis, e D. A. Schoenwald, "Decentralized control of cooperative robotic vehicles: theory and application," IEEE Transaction on Robotics and Automation , vol. 18, no. 5, pp. 852-864, 2002.

[25] M. B. Dias, M. Zinck, R. Zlot e A. Stentz, "Robust multirobot coordination in dynamic environments", Actas da Conferência Internacional do IEEE sobre Robótica e Automação, 2004, vol. 4, pp. 3435-3442. d

[26] Z.-Q. Cao, M. Tan, S. Nahavandi, e N. Gu, "Caça cooperativa por vários robôs móveis com base na interação local," Cut. Edge Robot, p. 397, 2005.

[27] B. J. Oommen e M. Agache, "Continuous and discretized pursuit learning schemes: various algorithms and their comparison," IEEE Transactions on Systems Man and Cybernetics. Part B, vol. 31, no. 3, pp. 277-287, 2001.

[28] M. A. Thathachar e P. S. Sastry, "Estimator algorithms for learning automata," 1986.

[29] R. R. Brooks, J.-E. Pang, e C. Griffin, "Game and information theory analysis of electronic countermeasures in pursuit-evasion games," IEEE Trans. on Systems Man and Cybernetics Part B, vol. 38, no. 6, pp. 1281-1294, 2008.

[30] Carlson J, et al, "Follow-up analysis of mobile robot failures", IEEE International Conference on Robotics and Automation. Vol. 5 : 4987-4994 abril de 2004.

[31] Lopez Pelaez, A. e S. Segado Sanchez Cabezudo, "From singularity to inequi- laty: perspectives on the emerging robotics divide". Em A. Lopez Pelaez ((ed.) The Robotics Divide. A New Frontier in all the 21st Century? pp. 195-218. New York: Springer, 2014.

[32] S. X. Yang e M. Q. Meng, "Planeamento de movimentos sem colisões em tempo real de um robô móvel utilizando uma abordagem baseada na dinâmica neural", IEEE Trans. On Neural Networks, vol. 14, no. 6, pp. 1541-1552, 2003.

[33] R. Emery-Montemerlo, G. Gordon, J. Schneider, e S. Thrun, "Game theoretic control for robot teams," in Proceedings of the IEEE International Conference of Robotics and Automation, 2005, pp. 1163-1169.

[34] R. A. Brooks, "Interaction and intelligent behavior", Instituto de Tecnologia de Massachusetts, 1994.

[35] S. Premvuti e S. Yuta, "Consideration on the cooperation of multiple autonomous mobile robots", em Proceedings of IEEE International Workshop on Intelligent Robots and Systems'

Towards a New Frontier of Applications. 1990, pp. 59-63.

[36] M. Erdmann, T. Lozano-Perez, "On multiple moving objects", IEEE Int. IEEE Int. on Robotics and Automation, 1986.

[37] P. Svestka, M.H. Overmars, "Coordinated path planning for multiple robots," Robotics and Autonomous Systems, 23 (1998).

[38] S. Leroy, J.P. Laumond, T. Simeon, "Multiple path coordination for mobile robots: a geometric algorithm", Int. Conferência Conjunta sobre Inteligência Artificial, 1999.

[39] C. W. Warren, "Multiple robot path coordination using artificial potential fields", IEEE Int. Conferência sobre Robótica e Automação, 1990.

[40] K. Azarm, G. Schmidt, "Conflict-free motion of multiple mobile robots based on decentralized motion planning and negotiation," IEEE Int. IEEE Int. on Robotics and Automation, Albuquerque, Novo México, 1997.

[41] M. Bennewitz, W. Burgard, S. Thrun, "Optimizing schedules for prioritized path planning of multi-robot systems," IEEE International Conference on Robotics and Automation, Seoul, Korea, 2001

[42] M.C. Clark, S.M. Rock, J.-C. Latombe, "Motion planning for multiple mobile robot systems using dynamic networks," IEEE Int. Conference on Robotics and Automation, Taipei, Taiwan, 2003.

[43] Ralf Regele, Paul Levi, "Cooperative Multi-Robot Path Planning by Heuristic Priority Adjustment", Actas da Conferência Internacional IEEE/RSJ de 2006 sobre Robôs e Sistemas Inteligentes, 9 a 15 de outubro de 2006, Pequim, China.

[44] R. K. Sharma e D. Ghose, "Collision avoidance between UAV clusters using swarm intelligence techniques," Int. Journal of Syst. Sci., vol. 40, no. 5, pp. 521-538, maio de 2009.

[45] Z. Cao, M. Tan, L. Li, N. Gu e S. Wang, "Cooperative hunting by distributed mobile robots based on local interaction", IEEE Trans. on Robot, vol. 22, n.º 2, pp. 403-407, abril de 2006.

[46] K. Tanaka e E. Kondo, "A scalable localization algorithm for high dimensional features and multirobot systems," in Proceedings of IEEE Int. Conf. Sens. Control Network, Sanya, China, abril de 2008, pp. 920-925.

[47] S. K. Chalup, C. L. Murch e M. J. Quinlan, "Aprendizagem automática com robôs AIBO na liga de quatro patas do RoboCup", IEEE Trans. Systems, Man, Cybern., Part C:, vol. 37, no. 3, pp. 297-310, maio de 2007.

[48] Yong Song,1,2 Yibin Li,1 Caihong Li,3 e Xin Ma1, "Mathematical Modeling and Analysis of Multirobot Cooperative Hunting Behaviors", Hindawi Publishing Corporation, Journal of Robotics, Volume 2015.

[49] Yong Duan; Xiao Huang; Xia Yu, "Estratégia de caça ao ponto potencial virtual dinâmico multi-robô baseada em FIS", Conferência de Orientação, Navegação e Controlo Chinesa (CGNCC) do IEEE de 2016

[50] Sifat Momen; Tamanna Islam Lima; Raian Siddika, "Group decision by househunting agents in multi-robot systems", 2016 2nd International Symposium on Agent, Multi-Agent Systems and Robotics (ISAMSR).

[51] Cyril Robin, Simon Lacroix, "Taxonomy on Multi-robot Target Detection and Tracking", Multi-Agent Coordination in Robotic 2015.

[52] Chao-Wei Lin, Luis A. Sanchez-Porras, Yen-Chen Liu, "Hierarchical Coordination for Multi-Robot Systems with Region-Based Tracking Control", International Journal of Automation and smart technology, vol 5 no 1, 2015.

[53] D. J. Pack, P. DeLima, G. J. Toussaint, and G. York, "Cooperative control of UAVs for localization of intermittently emitting mobile targets," IEEE Trans. on Systems, Man, Cybern., Part B: Cybern., vol. 39, no. 4, pp. 959-970, Aug. 2009.

[54] William Rone, Pinhas Ben-Tzvi, "Mapping, localization and motion planning in mobile multi-robotic systems", Robotica, Vol 31, Issue 01, 2013, pp1-23.

[55] A Multi-Input Feedback Control Algorithm For Formation Control Li-Li He, Xiao Chun Lou - Journal of Theoretical and Applied Information Technology, vol 48 no. 1, 2013.

[56] Jose Guerrero, Gabriel Oliver, "Multi-robot coalition formation in real-time scenarios", Robotics and Autonomous Systems, Vol 60, Issue 10, 2012, pp 1295-1307.

[57] Wenxu Zhang, Xiaolong Chen, Lei Ma, Duo Zhao, "Multi-agent pursuit with decision-making and formation control", Chinese Control Conference (CCC), 2013, pp 7016-7022.

[58] Xutao Sun, Yong Peng, Quanjun Yin, Xiaocheng Liu, "Controlo de formação multiagente baseado em força artificial com forma exponencial", Intelligent Control and Automation, 2014, pp 3128-3133.

[59] S. M. LaValle e J. E. Hinrichsen, "Visibility-based pursuit-evasion: The case of curved environments," IEEE Transaction of Robotics and Automation, vol. 17, no. 2, pp. 196-202, Abr. 2001.

[60] Zhiqiang Cao1,*, Chao Zhou1, Long Cheng1, Yuequan Yang2, Wenwen Zhang1 e Min Tan1, "A Distributed Hunting Approach for Multiple Autonomous Robots", International Journal of Advanced Robotic Systems, 2012.

[61] Valguima Okadura e Anna Helena Reali Costa, "Cooperative multi-robot localization: Usando a comunicação para reduzir o erro de localização", 2002.

[62] Thrun, S., Fox, D., Burgard, W., e Dellaert, F, "Robust Monte Carlo localization for mobile robots", Artificial Intelligence, 128:99-141, 2001.

[63] Simon Hunt, Qinggang Meng, Chris Hinde, Tingwen Huang, "A consensus-based grouping algorithm for multi-agent cooperative task allocation with complex requirements", Cognitive computation, Volume 6, Issue 3,2014, pp 338-350.

[64] Quande Yuan, Yi Guan, Bingrong Hong, XiangpingMeng, "Multi-robot task allocation using CNP combines with neural network", Neural Computing and Applications, December 2013, Volume 23, Issue 7, pp 1909-1914.

[65] Simon James Hunt, "Task allocation and consensus with groups of cooperating Unmanned Aerial Vehicles", tese de doutoramento, 2014.

[66] Xiang Cao, Daqi Zhu, "Atribuição de tarefas multi-AUV e planejamento de caminho com corrente oceânica baseada em mapa auto-organizado de inspiração biológica e algoritmo de síntese de velocidade". Publicado em Automação Inteligente Soft Computing 2017.

[67] Drew Wicke, David Freelan, Sean Luke, "Bounty hunters and multiagent task allocation", Conferência Internacional sobre agentes autónomos e sistemas multiagentes, 2015 pp 387-394.

[68] Xin Yi, Anmin Zhu, Zhong Ming, "A bio-inspired approach to task assignment of multi-robots", Simpósio IEEE sobre Swarm Intelligence (SIS), 2014 pp 1-5.

[69] W. Sun, L. Dou, H. Fang e H. Zhang, "Task allocation for multirobotcooperative hunting behavior based on improved auction algorithm," in Proc. Chin. Control Conf., Kunming, China, Jul. 2008, pp. 435-440.

[70] D. J. Pack, P. DeLima, G. J. Toussaint, e G. York, "Cooperative control of UAVs for localization of intermittently emitting mobile targets," IEEE Transaction on Systems, Man and Cybernetics, Part B, vol. 39, no. 4, pp. 959-970, Aug. 2009.

[71] H. Zhang, Y. Wu e Y. Cen, "Esquema de perseguição dinâmica multirobot baseado na tecnologia de fusão de comportamentos e de tomada de decisões de tarefas", em Proc. World Congr. Comput. Sci. Inf. Eng., Los Angeles, CA, Mar.-Abr. 2009, pp. 575-580.

[72] Jie Li, Min Li, Yang Li, Lianhong Dou, Z Wang, "Coordinated multi-robot target hunting based on extended cooperative game", Information and Automation, 2015,pp 216-221.

[73] Krishna Raghuwaiya, Bibhya Sharma, Jito Vanualailai, "Cooperative Control of Multi-robot Systems with a Low-Degree Formation", Advanced Computer and Commincation enginnering technology, vol 362, pp- 233-249.

[74] Y Ping, W Zheng, L Chunling, "A Study on Multi-robot Hunting Strategy Built on Game Theory", Machinery, 2014.

[75] Chen Wang, Ting Zhang, Kai Wang, ShuaiyiLv, "A new approach of multi-robot cooperative pursuit", Chinese Control Conference (CCC), 2013, pp 7252 - 7256.

[76] D Zhu, R Lv, X Cao, SX Yang, "Algoritmo de caça multi-AUV baseado em rede neural bioinspirada em ambientes desconhecidos", 2015.

[77] H. D. Patino, R. Carelli, e B. R. Kuchen, "Neural networks for advanced control of robot manipulators," IEEE Transaction on Neural Networks vol. 13, no. 2, pp. 343-354, 2002.

[78] T. S. Rappaport e outros, Wireless communications: principles and practice, vol. 2. Prentice Hall PTR New Jersey, 1996.

[79] Z Huang, D Zhu, "A cooperative hunting algorithm of multi-AUV in 3-D dynamic environment", Control and Decision Conference (CCDC), pp- 2571-2575.

[80] X Cao, Z Huang, D Zhu, "Algoritmo de caça cooperativa AUV baseado em rede neural bioinspirada para estado de conflito de caminho", Conferência IEEE sobre Informação e Automação , 2015 pp 1821-1826.

[81] RuofanLv, W Gan, B Sun, D Zhu, "A multi-AUV hunting algorithm with ocean current effect", IEEE International Conference on Cyber Technology in Automation, Control, and Intelligent Systems (CYBER), 2015, pp- 869-874.

[82] Xiang Cao, DaqiZhu , "Multi-AUV underwater cooperative search algorithm based on biological inspired neurodynamics model and velocity synthesis", Journal of Navigation, Volume 68, Issue 06, November 2015, pp 1075-1087.

[83] Xiang Cao, Daqi Zhu, "A survey of cooperative hunting control algorithms for multi-AUV systems", Chinese Control Conference (CCC), 2013, pp 5791-5795.

[84] Zongrui Huang, Daqi Zhu, Bing Sun, "Um método de caça cooperativa multi-AUV em ambiente subaquático 3-D com obstáculo", Engineering Applications of Artificial Intelligence, Volume 50, abril de 2016.

[85] He Shen, Ni Li, Salvador Rojas, Lanchun Zhang, "Multi-Robot Cooperative Hunting", Conferência Internacional sobre Tecnologias e Sistemas de Colaboração (CTS), 2016.

[86] YZ Chen, WX Wang, GP Dai, "Hunting Strategy for Multi-Mobile Robots System Based on Angle First", Journal of Beijing University of Technology 2012-05.

[87] YongyueAn, Shuqin Li, Da Lin, "Multiple Robotic Fish's Target Search and Cooperative Hunting Strategies", Indonesian Journal of Electrical Engineering and Computer Science. Vol 12 No. 1, 2014.

[88] Xiaolong Li, Xiaodong Xian, Yupeng Yuan, "A multi-input multi-output control strategy for intelligent nonholonomic robots", Control and Decision Conference (CCDC), 2015 pp 4698 - 4703.

[89] H. Yamaguchi, "A cooperative hunting behavior by mobile robot troops, "Int. J. Robot. Res., vol. 18, no. 9, pp. 931-940, Sep. 1999.

[90] Y. Ma, Z. Cao, X. Dong, C. Zhou e M. Tan, "Uma estratégia de caça coordenada por vários robots com aliança dinâmica", em Proc. Chin. Control Decision Conference, Guilin, China, Jun. 2009, pp. 2338-2342.

[91] P. Kachroo, S. A. Shedied, J. S. Bay e H. Vanlandingham, "Dynamic programming solution for a class of pursuit evasion problems: The herding problem," IEEE Transaction on Systems, Man and Cybernetics, Part C: Appl. Rev.,vol. 31, no. 1, pp. 35-41, Feb. 2001.

[92] G. N. Yannakakis, J. Levine, e J. Hallam, "Emerging cooperation with minimal effort: Rewarding over mimicking," IEEE Transaction on Evolution Comput., vol. 11, no. 3, pp. 382-396, Jun. 2007.

[93] Zhi-Qiang Cao, Min Tan, Saeid Nahavandi Nong Gu, "Cooperative Hunting by Multiple Mobile Robots Based on Local Interaction", Cutting Edge Robotics, ISBN 3-86611-038-3, pp. 784, ARS/plV, Alemanha, julho de 2005.

[94] Wenwen Zhang1, Jing Wang2, Zhiqiang Cao1, Yuan Yuan1, e Chao Zhou1, "A Local Interaction Based Multi-robot Hunting Approach with Sensing and Modest Communication", Springer-Verlag Berlin Heidelberg 2009.

[95] Hongqiang Zhang, Jing Zhang ,Shaowu Zhou , Puren Ouyang e Lianghong Wu, "Hunting in Unknown Environments with Dynamic Deforming Obstacles by Swarm Robots", International Journal of Control and Automation, Vol.8, No.11 (2015), pp.385-406.

[96] TY HUANG, C Xue-Bo, XU Wang-Bao, Z Zi-Wei, "A self-organizing cooperative hunting by swarm robotic systems based on loose-preference rule", Ata Auto- matica Sinica,2013, pp-57-68.

[97] P Yang, B Zhang, CM Li, P Xia, "Swarm Robots hunting behavior based on particle swarm optimization", Applied Mechanics and Materials, vol-328,2013,pp- 187192.

[98] Zebing Wang, Li Qin, Wei Yang, "A self-organising cooperative hunting by robotic swarm based on particle swarm optimisation localisation", International Journal of Bio-Inspired Computation, Vol. 7, No. 1, pp. 68-73.

[99] Ying Tan, "A Survey on Swarm Robotics", manual sobre conceção, controlo e modelação da robótica de enxames, capítulo 1, 2015, pp. 1-4.

[100]   Mininath K. Nighot, Varsha H. Patil, G. S. Mani, "Multi-robot hunting based on swarm intelligence", Conferência Internacional sobre Sistemas Inteligentes Híbridos (HIS), 2012, pp 203-206.

[101]   S. Chung, A. A. Paranjape, P. Dames, S. Shen e V. Kumar, "A Survey on Aerial Swarm Robotics", em IEEE Transactions on Robotics, vol. 34, no. 4, pp. 837-855, Aug. 2018, doi: 10.1109/TRO.2018.2857475.

[102]   J. Ni, X. Wang, M. Tang, W. Cao e S. X. Yang: (2020) Um método de planejamento de caminho em tempo real aprimorado baseado no algoritmo de libélula para sistema multirobô heterogêneo. IEEE Access. Vol. 8, pp. 140558-140568

[103]   Gebrehiwot Abraha, Poorva Agrawal , "Robotic Failure coordination in multirobot hunting", International Journal of Engineering Research, Vol.4, Issue.2, (Mar-Abr) 2016, pp 555-567.

[104]   Khan T, et. al, "Backup strategy for robots' failures in an automotive assembly system", International Journal of Production Economics, Vol 120(2):315-26, Aug 2009.

[105]   GyuhoEoh, Seul, Coreia do Sul ; Jeon, J.D. ; Choi, J.S. ; Lee, B.H, "Multi-robot cooperative formation for overweight object transportation System Integration (SII)", 2011 IEEE/SICE International Symposium.

[106]   A.W. Merz, "The game of two identical cars," Journal of Optimization and Theory

Appl., vol. 9, no. 5, pp. 324-343,1972.

[107]   A. S. Al Yahmedi e M. A. Fatmi, Navegação de robôs móveis baseada na lógica difusa. Editora INTECH de acesso livre, 2011.

[108]   SB Saad, B Zerr, I Probst, F Dambreville , "Hybrid Coordination Strategy of a Group of Cooperating Autonomous Underwater Vehicles", IFAC-Papers OnLine, 2015 - Elsevier.

[109]   W. Sun, L. Dou, H. Fang e H. Zhang, "Atribuição de tarefas para o comportamento de caça cooperativa de vários robôs com base num algoritmo de leilão melhorado", em Proc. Conferência de Controlo Chinesa, Kunming, China, julho de 2008, pp. 435-440.

Printed by Books on Demand GmbH, Norderstedt / Germany